我最爱的下饭菜

郑伟乾 主编

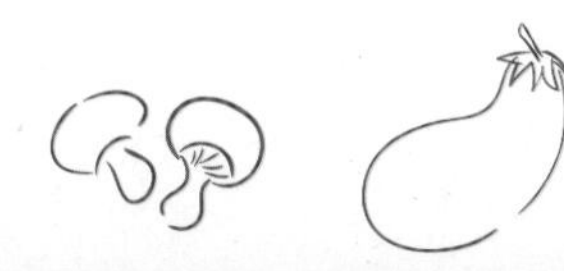

重庆出版集团 重庆出版社

图书在版编目（CIP）数据

我最爱的下饭菜 / 郑伟乾主编 . -- 重庆 :
重庆出版社 , 2017.4
ISBN 978-7-229-11819-8

Ⅰ . ①我… Ⅱ . ①郑… Ⅲ . ①菜谱 Ⅳ .
① TS972.12

中国版本图书馆 CIP 数据核字 (2016) 第 289144 号

我最爱的下饭菜

WO ZUIAI DE XIAFANCAI

郑伟乾　主编

策　　划：无极文化
责任编辑：刘　喆　赵仲夏
策划编辑：刘秀华
特约编辑：袁芝兰
责任校对：廖应碧
美术编辑：陈康慧　夏雪梅
封面设计：何海林

重庆出版集团
重 庆 出 版 社 出版

重庆市南岸区南滨路 162 号 1 幢　邮政编码：400061　http://www.cqph.com
重庆市国丰印务有限责任公司
重庆出版集团图书发行有限公司发行
邮购电话：023-61520646
全国新华书店经销
开本：787mm × 1092mm　1/16　印张：11　字数：150 千
2017 年 4 月第1版　2017 年 4 月第1次印刷
ISBN 978-7-229-11819-8
定价：32.00 元

如有印装质量问题，请向本集团图书发行有限公司调换：023-61520678

前言

水煮肉、尖椒炒肉、酸辣鸡杂……这些是人们外出就餐时经常会点的菜肴。是什么让这些菜肴如此令人过瘾和着迷？当然是辣味。越是辣，越觉着菜有味儿，越是被那辣味儿激出一头热汗，嘴上呼着气、喊着辣，却永远不会因此停下筷子。伴着粒粒弹牙的米饭，一筷子一筷子地吃下去，很快一碗饭见底了，再来一碗……总会有这样几道菜，让我们看到后就有一种端碗米饭来配着吃的冲动。这些菜也就是我们常说的下饭菜。

说到下饭菜，最简单地、最直接地理解，就是有食欲的时候能增加饭量，食欲下降时又能调节胃口的菜。下饭菜的重点就是要下饭，要调动起人进食的欲望。其呈现出的口味多样，但不管是单一的麻、辣、酸、甜，还是更为讲究的复合味道，都会使原本常见的食材变得美味可口，从而受到大家喜爱。

每天对着菜市场那几样千篇一律的食材发愁？又是炒白菜，又是炒肉丝，单调和平淡让人提不起胃口。翻开《我最爱的下饭菜》，同样还是那些食材，但是不同的搭配、不同的调味方法以及各种让菜肴的美味扩大到极致的下饭要诀，让你玩转厨房，让你的生活和餐桌都一样活色生香，有滋有味！

其实，好吃不好吃并没有一个固定的标准，正所谓“菜有百味，适口者珍”，有人喜欢咸点，有人喜欢淡点，有人喜欢辣到极致，有人喜欢微辣增香，所以，不要拘泥于书里写的酱汁调料的分量，根据自己和家人的口味做适量的调整，才能做出自家餐桌上绝味好吃的下饭菜。

本书收录了多款让人胃口大开的下饭菜，并详细介绍了制作方法和步骤，图文并茂，简单实用。此外，无论是色泽诱人的素菜，还是浓香四溢的荤菜，本书均有涉猎，无论你喜爱怎样的口味，总能从中找到心动的一道菜。

目录 Contents

第一章

玩转厨房的“下饭”秘诀

第二章

记忆中难忘的下饭菜

第三章

腊味醇香，吃饭不慌

第四章

至爱那个味，不麻不辣不痛快

第五章

“鲜”入为主，无法抵挡的诱惑

第六章

汇聚酱香，烙印在嘴角的美味

第七章

越碎越尽兴，怎一个“碎”字了得

第八章

丝丝入味，吃得就是舒坦

附录

第一章

玩转厨房的“下饭”秘诀

有的人有菜就一定要吃饭，有的人却是只吃菜不吃饭。不过有一些菜，就算不爱吃饭的人遇上，都会忍不住想来一大碗米饭，这种菜就叫“下饭菜”。

下饭菜往往不是什么山珍海味、鲍参翅肚，而是普普通通的鸡鸭鱼肉、豆制品和蔬菜，做法也很家常。不过，从食材选购到处理，从调味到烹煮，每道下饭菜都有自己独到的“秘诀”。想要做出“吃尽天下美食，不胜家常滋味”的下饭菜，可得好好掌握这些“开胃秘诀”！

众口调和开胃菜

水煮肉、毛血旺、香辣鸡翅……越是辣，越是被那辣味儿激出食欲，伴着粒粒软香的米饭，一筷一筷地吃下去。不过，不是所有的人都能受得了辣椒的味儿，也并不是只有辣菜才下饭。酸甜苦辣咸，鱼肉禽蛋蔬……只要选对菜，调好味，都会变得美味可口，令人食欲大增。

1 时令菜，最开胃

吃时令菜，谓之“尝鲜”。春天的香椿鸡蛋、马兰头香干、手剥春笋、酸菜煮蚕豆米；夏季的酸辣藕尖、油焖茭白；秋天的醋拌秋葵、葱油菱角……这些吃完一季等三季的菜，光听听菜名，就足够令人食指大动，恨不得大快朵颐，连下三碗饭。

在自然环境条件下生长成熟的蔬菜，长得最健壮，营养最丰富，口味最佳。譬如，民间有句俗语“霜打青菜味道好”，被霜打过的青菜不但鲜嫩可口，吃起来还带点甜甜的味道。这是因为经霜后的青菜为了抵抗寒冷，会将淀粉类的物质转化成糖类，所以才特别好吃。又譬如冬季的菠菜，不仅口味甜糯，营养含量也比夏季菠菜多 8 倍。相反，番茄、黄瓜等蔬菜适宜在较高温环境下生长，七月份采收的果实，其维生素 C 含量是一月份采收的 2 倍。

吃时令菜不仅味道更好，还遵循了自古传下来的养生之道。两千多年前，孔子就告诫我们“不时、不食”；中医经典著作《黄帝内经》也说要“食岁谷”，只有顺应自然规律生长的菜，才能“得天地之精气”，更加营养美味。

依据中医理论，春天万物复苏，人的肝气随之升发，流行病也开始肆虐，所以此时应食用发散解表的食物。春季时令蔬菜正好大多为绿色，且性味辛辣，发散解表，如辣椒、洋葱、花椰菜、芹菜、莴苣、荠菜、油菜、香椿、春笋、韭菜等。

夏季炎热，心火旺盛，易生内热，生疮疡，故应多食清热解毒、去心火的蔬菜。夏天的蔬菜多寒凉、入心脾，如丝瓜、苦瓜、芦笋、茭白、黄瓜、生菜、西红柿、卷心菜等。此外，长夏湿热，湿性重浊，易伤脾胃，使人疲乏困顿无力，故应多食祛湿健脾的食物，如扁豆、冬瓜、南瓜、芹菜等。

秋天干燥，自然萧瑟，易伤肺气，易患呼吸道疾病，故秋季应食滋阴润肺的食物，如秋葵、菱角、栗子、地瓜叶、豆角、山药、白菜等。秋季蔬菜多属性平，滋润，入肺脾经。

冬季主收藏，万物凋零，此时北方很少有时令蔬菜，唯有萝卜、大白菜、土豆、黑木耳和菌类等可以长期储存的蔬菜。萝卜、大白菜等有清补作用，可清解冬季因过多食用油腻食品产生的不适感。

食物对对碰

辣椒

√ 辣椒＋鸡肉＝补充营养

辣椒和鸡肉都含有丰富的蛋白质，维生素和矿物质，对儿童的生长发育很有帮助。

× 辣椒＋胡萝卜＝破坏营养

辣椒中的维生素C会被胡萝卜中的分解酶破坏。

豆角

√ 豆角＋土豆＝治疗肠胃炎

豆角的营养成分能使人大脑宁静，调理消化系统，消除胸膈胀满，豆角与土豆一起食用可治疗急性肠胃炎，呕吐腹泻。

× 豆角＋醋＝破坏营养

豆角富含胡萝卜素，而胡萝卜素与醋相克，因为醋酸会破坏胡萝卜素，因此，豆角和醋不能搭配同食。

山药

√ 山药＋鸭肉＝滋阴补肺

山药补阴、除腻，老鸭补水滋阴，两者一同食用，具有滋阴补肺的功效。

× 山药＋胡萝卜＝降低营养价值

胡萝卜中含有一种维生素C分解酶，会破坏山药中的维生素C，一起食用会降低营养价值。

白萝卜

√ 白萝卜＋豆腐＝健脾养胃

白萝卜宜与豆腐同食，可健脾养胃、消食除胀。

× 白萝卜＋胡萝卜＝降低营养价值

胡萝卜的抗坏血酸酶会破坏白萝卜中的维生素C，使两者的营养价值降低。最好不要同时食用。

2 因时调味好养生

受到季节变化的影响，人们的口味往往也随之有异，这与人体的新陈代谢状况有关。所以做菜也讲究因时调味。

温暖的春季可多食酸味食物，以提高食欲、助长肝气。但酸也不宜食用过多。若能搭配富有营养的甜味食物，便能滋养阳气、促进新陈代谢。

炎热的夏季容易令人心烦气躁，适当食用一些苦味食品，可降火除燥、健脾养胃。这个季节，咸味食品也需多吃，以补充因出汗而消耗掉的盐分。如果遇上潮湿的雨季，适当地食用辣味食品，则有利于除湿气。

干燥的秋季则不宜过多吃辣，想要开胃，可以多吃点酸味食品，以便滋养阴气、保护皮肤。

寒冷的冬季，因出汗较少，不宜过多地食用盐分较重的食物，但可以适当在食材中加入辛香料和辣味调料，在开胃的同时，有助于人体的除湿、保暖。

中医养生学还讲究不同的体质需用不同的饮食来调养，因而，调味也需因人而异。

体质虚寒之人，不宜在秋冬季节食用苦味食品，最好是在烹饪菜肴时加入适量温热性质的辛辣调味品，如茴香、生姜、桂皮、花椒等。体质偏热之人在冬季则要减少辛辣调味品的用量，适当食用苦味食品。血压过低之人，在冬天时可适当多吃咸味的食品，以帮助血压升高，增强体力；血压高的人，哪怕是在炎热的夏季，也要控制盐分的摄入量。体质偏酸性的人，需少吃盐、多食醋，最好能适当地用富含矿物质的酱油来取代盐调味。

3 开胃又养胃的好物

医学研究发现，蔬菜中含有极丰富的硝酸盐，它进入胃部后可以产生一种叫氧化氮的化合物，而氧化氮能杀死胃中的有害细菌，所以餐前先吃些蔬菜，能有效地给胃部杀菌，对胃炎有一定预防作用。不仅如此，空腹吃蔬菜，蔬菜的养分会在短时间内进入血液中，有助于补充体力，使人精神焕发。

除了蔬菜之外，还有不少既开胃又养胃的食材。没有食欲时，不妨多用这些食材来做菜。

白萝卜：解热凉血

白萝卜清热凉血、生津，可调理大便干硬、体温高的热性体质。白萝卜纤维素含量较高，因此能够顺利帮助人体进行肠胃的蠕动和食物代谢，从而渐渐调节好“受伤”的肠胃。

莲藕：健脾开胃

莲藕清热疏郁，含钙、磷、铁及丰富的维生素C，富含多酚类物质，可以提高免疫力，还可抗衰老。新鲜莲藕榨汁加蜂蜜，有助解除烦闷口渴。藕加工熟后，其性由凉变温，虽然失去消淤、清热的性能，却变为对脾胃有益，有养胃滋阴、益血、止泻的功效，适合脾胃虚弱的人滋补养生。

茼蒿：消食开胃

茼蒿有蒿之清气、菊之甘香，可荤可素，清香嫩脆。其具有特殊香味的挥发油和丰富的粗纤维，有助于宽中理气，润肠通便，消食开胃，增强食欲。但是茼蒿中的芳香精油遇热易挥发，会减弱其健胃作用，所以烹调时应旺火快炒。

西红柿：调整肠胃

西红柿亦蔬亦果，所含的苹果酸、柠檬酸等，可以增加胃液酸度，调整胃肠功能，对胃热口渴、食欲不振有辅助食疗作用，也可以降低胆固醇的含量。

莲子：退火缓烦躁

莲子能补脾益胃、退火除烦，可以煮成茶饮，也可在煮饭时添加莲子。煮饭时比例为莲子1杯，白米1杯，每次吃1碗。茶饮或饭皆可天天食用。

小米：健胃和胃

小米味甘咸，有清热解渴、健胃消食、预防反胃、吐逆的功效。内热者及脾胃衰弱者最宜食用。有的人胃口欠佳，吃了小米粥后既能开胃又能养胃。

羊肉：暖胃

羊肉甘、温，入脾胃经，温中暖下，主治腹痛，反胃，是比较见效的养胃食物。用生姜和羊肉熬汤食用，吃肉饮汤具有暖胃的功效。

猪肚：补虚损、健脾胃

猪肚具有补虚损、健脾胃的功效。尤其是与白胡椒同煮，可以用于治疗胃寒，心腹冷痛，因受寒而消化不良、反胃、虚寒性的胃及十二指肠溃疡等。

鹅肉：调理脾胃

鹅肉甘、平、咸，具有治疗脾胃虚弱、中气不足、倦怠乏力、不思饮食的功效。

“好色”吃法，勾人食欲

不同的色彩会对人的心理产生不同的影响，食物色彩对人体最直接的影响就是挑起食欲。

最勾人食欲的颜色

红色是最能勾人食欲的颜色。这是一个在情感上非常强烈且有活力的颜色，能促进血液循环，振奋心情，给人以热烈祥和的喜庆感。如果食欲不佳，就试试红色食物，任何人都会不知不觉地多吃几口。

相应的食物有苹果、牛肉、猪肝和樱桃等。

最刺激食欲的颜色

黄色是最刺激食欲的颜色，因为它常常与快乐联系在一起，在人们心情灰暗或感到焦虑时能使人振作。黄色还可刺激神经、激发能量，对集中精力和提高学习兴趣有帮助，是一种尤其适合作为早餐的颜色。

相应食物有土豆、玉米、香蕉、蛋黄、柑橘、芒果、胡萝卜等。

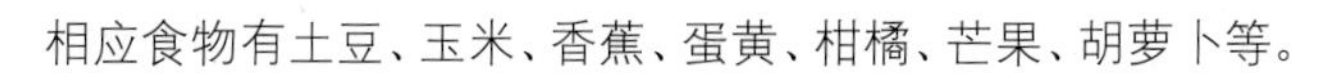

最健康的颜色

绿色代表着明媚、鲜活、自然。淡绿、葱绿和嫩绿意味着新鲜、清淡，无论是什么食物，只要是绿颜色的就很容易被认同为健康食品。绿色食物还有利于稳定心情和减缓紧张，与其他颜色的食物一起摄入则效果倍增。

相应食物有菠菜、芦笋、小油菜、空心菜等。

5 家有老小，开胃有讲究

下要顾小，上要顾老，下厨的任务可不轻。健康的家庭饮食不仅要满足各个家庭成员的“口腹”，也要能让大家享受“口福”。

荤素搭配好处多

植物性食物与动物性食物所含的营养素可以互补，同时又可以相互清除所含有的有毒物质，如蔬菜中所含有的纤维素，可以抑制肉类胆固醇的吸收，还能把肉类在分解过程中产生的有害物质排出体外，这正是荤素搭配的优越性。荤素搭配得当，饭菜不会太腻，也不会太清淡，比较容易兼顾到全家的口味。

勾芡淋汁增加味道

勾芡能让汤汁浓缩，并牢牢地黏附在食材上，让汤汁与食材的味道完美融合。芡汁包裹在食材的表面，还能让菜肴的外观看起来鲜明艳丽，使人更加有食欲。另外，通过芡汁锁住味道，就不用加入过多调味料，少少地放一点就可以满足口腹之欲，不必担心摄取过量的盐或糖。

趁热食用味正香

许多食物的美味需要温度来“激发”，这是因为食物的香味有刺激食欲的作用。控制食物的温度，是锁住香味的重要步骤，所以食物必须趁热吃，但吃时也不应使食物太烫。

饭前先来一碗汤

广东人都爱喝汤，并且都爱在饭前先来一碗汤，这是有医学根据的。吃饭时喝汤，会使食物未经充分咀嚼就被吞咽下去；吃饭后再喝汤，过量的汤水会稀释消化液，从而削弱肠胃的消化能力，甚至会引起胃过度扩张，导致胃动力不足。吃饭前喝一小碗汤则比较符合生理要求。适量的汤不但可以在饭前滋润消化道，而且不至于过分增加胃容量，同时可以促进消化液有规律地分泌。

所以，正确的吃饭顺序是先喝汤，再吃蔬菜，最后才吃肉。肠胃能力弱的老人和孩子尤其要这样做，才有助于消化和营养的吸收。

软硬适中才顺口

家有老小，饭菜就要做得软硬适中，利于吞咽和消化。可以将食材切得细小一些，烹煮的时间稍稍延长，但也要避免食物做得滑溜和太黏稠。

多多摄取微量元素锌

锌能影响细胞中蛋白质的正常代谢，参与味觉素的合成，并具有营养味蕾、增强味蕾机能的作用。因此要多吃含锌丰富的食物，例如牡蛎、瘦肉、鱼、蛋、豆制品、核桃、花生等。

少食多餐

老人和孩子往往一餐吃不了多少东西，而且进食时间又拖得很长。为了每天都能摄取足够的热量及营养，不妨一天分 5 ~ 6 餐进食，在 3 次正餐之间另外准备一些简便的点心。

下饭菜少不了的辛香料

下面这些辛香料用于调味时辣味极小，做菜时放上一点点，不仅能增味，还能改善食欲，是瞬间提升口味的下饭菜好搭档。

姜

姜是一种极好的去腥材料，还有增味之效，同时也可入药，有散寒发汗、化痰止咳、和胃止呕等多种功效。

俗话说：“饭不香，吃生姜。”吃饭不香或饭量减少时，吃上几片嫩姜，或在菜里放一点姜，都能改善食欲，增加饭量。

蒜

蒜既可调味，又能防病健身，被人们誉为“天然抗生素”。大蒜的特殊功效之多，使它成为《时代周刊》所评选出的十大最佳营养食品之一。

在中式烹饪中，蒜是最常用的调味辛香料，烹制肉荤、水产品、蔬菜前都可用蒜爆香油锅，以增加菜肴的香味。

豆豉

烹饪荤菜时，放豆豉可解腥调味。豆豉又是一味中药，风寒感冒、怕冷发热、寒热头痛、鼻塞喷嚏、腹痛吐泻者宜食；胸膈满闷、心中烦躁者同样宜食。所以做菜时善用豆豉，还能大大提升菜的营养价值。

豆豉还以其特有的香气使人增加食欲，促进营养吸收。带着浓浓豉香的菜肴非常开胃，吃饭、拌面、喝粥、下酒都很棒。

胡椒粉

胡椒粉是世界上主要调味香料之一，具有特殊的芳香气息和苦辣味，可以祛腥提味，多用于烹制内脏、海鲜类菜肴。

虽然胡椒主要用作调味品，但实际上用途还有很多。中医称胡椒有温胃散寒之功能，民间就有胡椒炖猪肚治疗慢性胃肠病的偏方。胡椒粉还可醒脾开胃，增进食欲，对胃口差、消化不良有辅助治疗作用。

紫苏

紫苏曾被希腊人命名为“皇室之香油”。它味道甘甜、清爽，又有轻微的辛辣感，很容易入口，不但可以诱发人的食欲，还能够解油腻。

紫苏也是一种历史悠久的中药材，具有解表散寒、行气和中、止咳平喘的功效，在增强胃肠蠕动、增强食欲方面的功效也非常明显。尤其适合在高温潮湿的夏季，没有食欲时吃。

最能触动味蕾的经典调味

看似平常随意的调料，却能调配出让那么多人都喜欢的经典滋味，令人举箸难停。而且学会一个口味的基本调味方法，就能举一反三，更换不同主材，搞定一桌好菜！

麻辣味

◆ 下饭理由 麻辣味厚，咸鲜而香，被视为最下饭的爽辣口味菜。

◆ 代表菜 水煮肉片、麻婆豆腐、麻辣牛肉干、口水鸡

◆ 经典调味 红辣椒油25毫升，干红辣椒10克，花椒油10毫升，生抽5毫升，米醋5毫升，花椒粒5克，白糖5克，鸡精5克，香油10毫升，食用油25毫升，姜、蒜各5克，盐适量

◆ 经典做法

①将花椒放在干净的热锅内炒成焦黄色，研磨成末。

②干红辣椒切段；姜、蒜分别切末。

③炒锅烧热，加入食用油，中火烧至5成热，放入干红辣椒、姜末、蒜末炒出香味。

④放入主料翻炒片刻。

⑤调入红辣椒油、生抽、花椒末、花椒油、米醋、白糖、鸡精、香油、盐，炒拌均匀即可。

宫保味

◆ 下饭理由 微辣微甜，鲜香细嫩，辣而不燥，就连汤汁也很鲜美。

◆ 代表菜 宫保鸡丁、宫保虾球、宫保豆腐、宫保杏鲍菇

◆ 经典调味 姜、蒜各10克，葱15克，干红辣椒5克，花椒5克，豆瓣酱10克，白砂糖10克，盐少许，料酒5毫升，米醋10毫升，水淀粉15毫升，食用油适量

◆ 经典做法

①碗中放入水淀粉、料酒、白砂糖、米醋、盐，调匀成味汁。

②干红辣椒切段，葱切成1厘米的小段；豆瓣酱切碎；姜、蒜分别切末。

③炒锅烧热，加入适量食用油，中火烧至5成热，放入干红辣椒、花椒、豆瓣酱、姜末、蒜末、葱段，煸炒出香味。

④放入主料翻炒片刻。

⑤倒入味汁，翻炒至汤汁烧开即可。

鱼香味

◆ 下饭理由 咸甜酸辣兼备，姜葱蒜味浓郁，色泽红亮诱人。

◆ 代表菜 鱼香肉丝、鱼香茄子、鱼香脆皮鱼、鱼香鱿鱼卷

◆ 经典调味 四川泡椒 15 克，葱末、蒜末、姜末各适量，料酒 15 毫升，米醋、生抽、白砂糖、水淀粉各 15 毫升，盐少许，食用油适量

◆ 经典做法

①将料酒、米醋、生抽、白砂糖、水淀粉、盐放入碗中，调匀成味汁；四川泡椒切碎。

②炒锅烧热，加入适量食用油，中火烧至 5 成热，放入葱末、姜末、蒜末煸炒出香味。

③放入四川泡椒继续煸炒，直到锅中出现红油。

④放入主料翻炒片刻。

⑤倒入味汁，翻炒至汤汁黏稠透亮即可。

酸辣味

◆ 下饭理由 醇酸带辣、咸鲜适口、开胃解腻。

◆ 代表菜 酸辣土豆丝、酸汤鱼、酸辣牛肚

◆ 经典调味 花椒 5 克，干红辣椒 5 克，姜、蒜各 5 克，葱适量，生抽 10 毫升，米醋 25 毫升，白砂糖 5 克，胡椒粉 3 克，盐、鸡精、食用油各适量

◆ 经典做法

①将生抽、米醋、胡椒粉、白砂糖、盐、鸡精放入碗中，调匀成味汁。

②将干红辣椒切段；姜、蒜切末；葱切葱花。

③炒锅烧热，加入适量食用油，中火烧至 5 成热，放入花椒、干红辣椒段煸炒出香味，下姜末、蒜末炒香。

④放入主料翻炒片刻。

⑤倒入味汁，大火翻炒均匀，撒入葱花即可。

糖醋味

◆ 下饭理由 酸甜可口，老少皆宜。

◆ 代表菜 糖醋排骨、咕噜肉、锅包肉、松鼠桂鱼

◆ 经典调味 料酒 5 毫升，生抽 10 毫升，白砂糖 15 克，米醋 20 毫升，食用油、水淀粉各适量

◆ 经典做法

①炒锅烧热，加入适量食用油，加入料酒、生抽、白砂糖、米醋和 25 毫升水烧沸。

②将预先处理好的主料放入，大火翻炒均匀，以水淀粉勾芡即可。

酱香味

◆ 下饭理由 酱味绵长，浓香扑鼻，咸鲜回甜。

◆ 代表菜 京酱风鸡、酱烧茭白、酱香豆干、酱骨头

◆ 经典调味 海鲜酱 20 克，生抽 10 毫升，蚝油 5 毫升，姜末、蒜末各 5 克，鸡精 4 克，香油 5 毫升，食用油适量，盐少许，鲜汤 50 毫升

◆ 经典做法

①炒锅烧热，加入适量食用油，下姜末、蒜末炒香，加入海鲜酱，以小火拌炒均匀。

②注入鲜汤，调入生抽、蚝油、盐、香油、鸡精，拌匀，烧沸。

③将预先处理好的主料放入，大火翻炒均匀即可。

（海鲜酱可以换成任何自己喜欢的酱，如黄酱、XO 酱、沙茶酱等等）

豉汁味

◆ 下饭理由 豉香浓郁，鲜咸味厚，开胃下饭。

◆ 代表菜 豉汁蒸排骨、豉汁牛柳、豉椒爆肚尖、豉汁白贝

◆ 经典调味 豆豉 10 克，蒜蓉 15 克，蚝油 15 毫升，糖 3 克，老抽 8 毫升，生抽 5 毫升，水淀粉 10 毫升，食用油适量

◆ 经典做法

①豆豉冲洗干净，沥干，剁碎。

②炒锅烧热，加入适量食用油，中火烧至 5 成热，放入豆豉末、蒜蓉爆香，盛入碗中。

③在碗中加入蚝油、糖、老抽、生抽、水淀粉，轻轻拌匀，即成味汁。

④另起锅，烹制好主料。

⑤倒入味汁，翻炒均匀即可。

辣椒有哪些种类？

★ 樱桃椒类：成都的扣子椒、五色椒等；

★ 圆锥椒类：仓平的鸡心椒等；

★ 簇生椒类：贵州七星椒等；

★ 长椒类：长沙牛角椒等；

★ 甜柿椒类：上海茄门甜椒等。

圆锥椒类

樱桃椒类

簇生椒类

长椒类

甜柿椒类

第二章

记忆中难忘的下饭菜

好吃的地方菜天生就是下饭的高手。它们选料简单，做法家常，不需要繁复的烹饪技法，口味却十分地受欢迎。比如咕噜肉，外焦里嫩的肉块，加上酸甜清香的汁水，就足够让你狼吞虎咽了。此外，还有鲜辣的水煮肉片、回味无穷的回锅肉……令人难以抗拒，吃过了还想吃。

家喻户晓的经典川味

水煮肉片

水煮肉片很多人爱吃，那鲜、香、烫、辣的感觉，从诱人的红色汤汁中捞出的肉片和豆芽，香辣细嫩，十分爽口。做这道菜一定要多焖点米饭，小心米饭不够吃哦！

下饭要诀

水煮肉片很讲究刀工。肉片要薄而均匀，切得稍微大一些，煮的时候更易熟软入味，吃起来也更香。

原料

里脊肉400克，绿豆芽160克，葱30克，姜末、熟芝麻、干辣椒、花椒各少许

调料

辣椒面、豆瓣酱、盐、鸡粉、生抽、水淀粉、食用油各适量

做法

1 里脊肉洗净，切片；绿豆芽洗净，切除根部；葱洗净，切葱花。

2 把肉片放入碗中，加入盐、鸡粉、生抽、水淀粉，抓匀，腌渍一会儿。

3 用油起锅，放入姜末爆香，加入豆瓣酱炒匀，注入清水，大火煮沸。

4 放入绿豆芽，煮至断生，捞出盛入碗中。

5 锅中留汤汁煮沸，倒入肉片，煮至熟，盛在豆芽上，再撒上辣椒面，待用。

6 另起锅注油烧热，撒上干辣椒、花椒爆香，调匀后浇在碗中，撒上葱花和熟芝麻即可。

回锅肉

百吃不厌的川味菜

川菜向来开胃。若真正要列出一个下饭菜榜单，回锅肉肯定名列前茅，又香又辣的诱惑，有谁能抗拒得了呢？

下饭要诀

回锅肉首先要煮熟猪肉。判断肉是否煮熟的方法很简单，只需用一根筷子插入肉身，能贯穿到底就说明肉已经煮好了。

原料

五花肉250克，青尖椒、红尖椒各60克，蒜末少许

调料

盐、鸡粉、芝麻油、老抽、豆瓣酱、白糖、料酒、食用油各适量

做法

1 五花肉洗净，切片；青尖椒、红尖椒均洗净，切开去籽，改切片。

2 热水锅中放入五花肉，中火煮熟，捞出浸入凉开水中，使肉质紧密。待肉放凉，切成薄片。

3 用油起锅，放入蒜末爆香，倒入五花肉，淋上料酒，煎出肉香味。

4 放入老抽、白糖、豆瓣酱，炒匀上色，待肉片七八成熟，倒入青尖椒和红尖椒。

5 加入盐、鸡粉、芝麻油，用旺火翻炒一会儿，起锅盛入盘中即可。

腊味合蒸

湘味『蒸』得越来越浓

腊味是湖南特产，主要由猪、牛、鸡、鱼、鸭肉等制成，将两至三种腊味一同蒸熟即为“腊味合蒸”，吃时腊香浓重、咸甜适口、色泽红亮，柔韧不腻，稍带厚汁，且几种食材味道互补，各尽其妙，是用来下饭的首选之一。

下饭要诀

腊味的口感较硬，如果希望菜品吃起来软一点，蒸的时候可以加入少许鸡汤，不仅能改善口感，而且还有增鲜的作用。

原料

腊鱼350克，腊肉250克，腊牛肉100克，葱、香菜段各少许

调料

辣酱、盐、鸡粉、生抽、食用油各适量

做法

1. 腊鱼洗净，斩成块；腊肉洗净，切片；腊牛肉洗净，切片；葱洗净，切葱花。
2. 用油起锅，放入辣酱炒香，加入盐、鸡粉、生抽，炒匀，制成味汁，盛出待用。
3. 取一个大碗，倒入味汁，铺开，再放入腊牛肉、腊鱼和腊肉，分成两排，摆放整齐，上蒸锅蒸约25分钟，取出，趁热撒上葱花，点缀上香菜段即可。

剁椒蒸鱼头

够辣、够香浓的湘菜经典

这是一道常见湘味下饭菜，鲜美的鱼头，再铺上一层厚厚的剁椒，色彩绚丽。与米饭同吃，很是香辣有味。鱼头有预防贫血的作用，还能益智补脑，较为适合生长发育期的儿童食用。

下饭要诀

鱼头很不容易入味，所以腌渍的时间最好长一些；剁椒较咸，调酱料时盐要少放。

原料

鱼头500克，葱、豆豉、蒜末各少许

调料

剁椒酱、盐、鸡粉、生抽、料酒、食用油各适量

做法

1. 鱼头洗净，对半切开；豆豉洗净，切碎；葱洗净切葱花。
2. 将剁椒酱放入碗中，加入盐、鸡粉、生抽拌匀，调成酱料。
3. 把鱼头放入盘中，用盐、料酒抹匀，腌渍一会。
4. 腌好后铺上酱料，入蒸锅蒸约30分钟，至食材熟透后取出待用。
5. 用油起锅，放入豆豉、蒜末爆香，关火后盛入盘中，最后撒上葱花即可。

风味肥肠

声誉日盛的鲁菜精品

肥肠，柔软而韧劲十足，味道又很接地气，是鲁菜中九转大肠的主料。很多人都爱吃，尤其是带着辣味的。当浓郁的香辣味飘过，你能扛得住吗？

肥肠里外都要清洗干净，否则成品的腥味会很重。

原料

肥肠350克，卤料1包，红椒35克，蒜苗、面粉、蒜末各适量

调料

盐、鸡粉、辣椒油、豆豉酱、料酒、生抽、食用油各适量

做法

1 将肥肠用面粉、盐搓洗几遍，再放入沸水锅中汆去腥味，捞出待用；红椒洗净，切圈；蒜苗洗净，切段。

2 锅中注水烧热，放入卤料包，大火煮沸，再放入肥肠，中小火卤至熟。

3 取出卤好的肥肠，放凉后切上花刀，改切成片。

4 用油起锅，放入蒜末爆香，倒入肥肠，加入豆豉酱，炒匀，淋入料酒、生抽，炒香。

5 注入清水，大火煮沸，放入红椒和蒜苗，炒至汁水收浓。

6 加入盐、鸡粉、辣椒油，炒匀，出锅装盘即可。

滑嫩鲜美的鲁菜名品

黄焖鸡

黄焖鸡，名气很大，在鲁菜中是为一绝。经过特殊的烹饪方式，这道菜风味独特，汤汁鲜香扑鼻，鸡肉爽滑弹牙，让人胃口大开。

下饭要诀

鸡蛋调成蛋液时，最好加入一些水淀粉。这样鸡肉挂浆后再油炸，会保持肉质的鲜嫩。

原料

三黄鸡半只，鸡蛋2个，鸡汤、生姜、大蒜、香菜段各适量

调料

盐、料酒、生抽、白糖、甜面酱、食用油各适量

做法

1. 将三黄鸡洗净切开，斩成小件；生姜洗净，切片；大蒜洗净，去皮，对半切开；鸡蛋磕入碗中，搅成蛋液。
2. 把鸡块装碗中，加入盐、料酒、生抽，拌匀，腌上片刻，待用。
3. 热锅注油，烧至七八成热，将鸡块滚上蛋液，放入油锅中，炸至色泽金黄，捞出后沥干油。
4. 锅中留底油烧热，放入白糖，倒入鸡块略炒，撒上姜片、蒜头炒香，加入料酒和甜面酱，炒匀，注入鸡汤，煮沸后掠去浮沫。
5. 再盛入砂锅中，用中小火焖至鸡肉酥脆，出锅盛盘，点缀上香菜即可。

享誉国际的粤菜经典

咕噜肉

这道菜色泽金黄，肉块外裹着一层糖醋芡，香脆略带酸甜，再加上解油腻、促消化的菠萝，怎么吃都不腻，四季皆宜。

下饭要诀

糖醋咕噜肉好吃的关键，就在于五花肉要做得油而不腻。所以，烹饪前应先将五花肉煮一下，能有效去除油脂。

原料

五花肉 400 克，菠萝肉 200 克，蛋液、生粉、青椒、蒜末各少许

调料

盐、鸡粉、黄酒、番茄酱、白糖、陈醋、水淀粉、食用油各适量

做法

1 五花肉洗净，切块；菠萝肉切块；青椒洗净，切片。

2 把肉块放入碗中，加入盐、鸡粉、黄酒，抓匀，腌约 10 分钟。

3 热锅注油，烧至五六成热，将腌好的肉块滚上蛋液和生粉，放入油锅中炸至金黄色后捞出，沥干油。

4 锅中留底油烧热，撒上蒜末爆香，加入番茄酱、白糖、盐、陈醋，炒匀，倒入水淀粉勾芡，调成稠汁。

5 再放入炸熟的肉块，倒入菠萝肉和青椒，炒匀即可。

卤水拼盘

吃不厌的本味粤菜

它有着浓烈的卤香，让人馋得口水直流。这样的香气时常弥漫在广州的大街小巷。吃到嘴里，幸福感油然而生。

下饭要诀

做卤水拼盘时，摆盘很重要，特别是最后刷上卤汁时要均匀，使食材表面鲜亮，有光泽。这样才更能引起食欲。

原料

鹅胗300克，熟鸡蛋4个，牛肚200克，八角、草果、茴香、丁香、桂皮、面粉各适量

调料

生抽、老抽、盐、白糖、食用油、白醋各适量

做法

1. 鹅胗用白醋清洗，再冲洗干净；牛肚加面粉搓洗，用流水冲洗净；熟鸡蛋剥去蛋壳，备用。
2. 用油起锅，注油烧热，加入白糖，拌匀，制成糖汁，待用。
3. 另起锅，注油烧热，放入香料，炒香，注入清水，大火煮沸，放入鹅胗和牛肚，淋上生抽、老抽、盐，倒入汤汁，煮沸后转小火卤约40分钟，倒入鸡蛋，卤至上色。
4. 关火后浸泡一会，放凉后取出，切好形状，摆放在盘中，刷上卤汁即可。

嗜肉一族的最爱

粉蒸肉

粉蒸肉是湖北名菜之一，做法很是容易，等待的时间却是漫长。但等待的煎熬，在揭开锅盖那一瞬间扑鼻的香气面前，又算得了什么呢？

下饭要诀

做蒸肉时，可以不用汆水，但是需用开水泡一下，不仅卫生，而且能减少腥味，吃起来更为爽口。

原料

五花肉 400 克，土豆 150 克，蒸肉米粉、豌豆、葱花各适量

调料

盐、鸡粉、辣椒面、料酒、食用油各适量

做法

1. 五花肉洗净；土豆去皮，洗净，切滚刀块；豌豆洗净，焯熟备用。
2. 锅中注水烧开，放入五花肉，拌匀，淋上料酒，汆煮片刻，去除浮沫，捞出放凉后切片，放入碗中，加入蒸肉米粉、盐、鸡粉、辣椒面，拌匀腌渍一会。
3. 取一个大碗，碗内抹上食用油，放入土豆，倒入腌好的食材，码放整齐，上蒸锅用旺火蒸约 40 分钟，至食材熟软后取出，倒扣在盘中，最后撒上豌豆和葱花即可。

糍粑鱼

最具生活气息的鄂菜

糍粑鱼是一道经典的鄂菜，享誉五湖四海。不仅如此，它更是下饭的“利器”。口味酸中带甜，还有一丝鲜辣，鱼肉弹性十足，就着这道菜，能扒拉好几碗饭！

下饭要诀

做糍粑鱼时，火候的把握很重要，要使酸、辣、鲜等味道融为一体。所以要预先做好味汁并及时烹入，味道才能浑然天成。

原料

草鱼肉 400 克，红椒 20 克，葱少许，清汤适量

调料

剁椒酱、盐、水淀粉、料酒、生抽、白糖、食用油各适量

做法

1 草鱼肉洗净，切大块；红椒洗净，切开去籽，再改切丁；葱洗净，切成葱花。

2 把鱼块放入碗中，加入料酒、盐，抹匀两面，腌渍约 10 分钟。

3 将剁椒酱、盐、水淀粉、料酒、生抽混合均匀，制成味汁待用。

4 用油起锅，放入鱼块，煎至两面断生，烹入味汁，注入清汤，煮至鱼肉熟透，放入白糖，倒入红椒，炒匀。

5 关火后盛出，撒上葱花即可。

东北豪放派

地三鲜

地三鲜是一道咸鲜味美、老幼皆宜的家常炒菜，做法简单易学。所以不用羡慕别人，自己动手，就能做出美味极了的地三鲜。

下饭要诀

土豆过油时油温不宜太高，以免炸煳；茄子的水分较多，煸炒的时间最好长一些，口感会更好。

原料

土豆300克，茄子180克，青椒、红椒各45克

调料

生抽、白糖、料酒、盐、水淀粉、食用油各适量

做法

1 土豆去皮，洗净，切滚刀块；茄子洗净后去蒂，切成条形；青椒、红椒均洗净，切片。
2 热锅注油，烧至五六成热，倒入土豆，炸香后捞出，沥干油。
3 锅中留底油烧热，放入茄子煸炒一会，倒入青、红椒，加入生抽、白糖、料酒，炒匀。
4 注入清水煮沸，转中火焖煮至熟，加入盐，用水淀粉勾芡，关火后盛出即可。

猪肉炖粉条

正宗的东北下饭菜

猪肉炖粉条，一道大名鼎鼎的东北乱炖，把各种食材混合一起，用小火炖熟。这满满的一锅里面，煎熬的都是对美食的无限期待。

下饭要诀

煎五花肉时宜用中小火，以免煎煳；需注入清水时，可以选择倒入热水，能缩短烹饪时间。

原料

五花肉300克，水发红薯粉条250克，白菜150克，葱少许

调料

盐、鸡粉、白醋、白糖、老抽、料酒、食用油各适量

做法

1 五花肉洗净，切开，再切成条块；红薯粉条切长段；白菜洗净，切丝；葱洗净，切成葱花。
2 用油起锅，放入五花肉，煎出香味，淋上老抽、料酒，炒香。
3 注入适量清水，大火煮沸，放入红薯粉条，搅散，煮至变软，倒入白菜。
4 加入盐、鸡粉、白醋、白糖，拌匀，出锅装盘，撒上葱花即可。

第三章

腊味醇香，吃饭不慌

人们常说，咸的菜，味重，好下饭。就像腊肉、腊肠、鱼干和萝卜干，都有着诱人食欲的内在魅力。能做出几道拿手的咸味下饭菜，其实并不简单，既不能让主材太咸，又要增加配料的香气，选材上还需搭配一些清淡食材。既能下饭，细细品尝又回味无穷。

香炒腊肠

“火腊腊”的诱惑

脆爽的青椒，清香的腊肠，吃上一口，嘴里是满满的幸福感。这道菜具有益气补血、健脾暖胃等诸多好处，胃口不开者可尝尝鲜。

下饭要诀

腊肠煸炒的时间不宜太长，以免炒枯，使口感变差；青尖椒宜用旺火快炒，既能保存营养，又能改善口感，使其更加鲜脆。

原料

腊肠250克，青尖椒150克，干辣椒少许

调料

盐、鸡粉、花椒油、料酒、食用油各适量

做法

1. 青尖椒洗净，切开去籽，斜刀切圈；腊肠洗净，斜刀切片。
2. 用油起锅，撒上干辣椒爆香，放入腊肠，炒至出油，淋入料酒，炒匀。
3. 倒入青尖椒，炒至断生，加入盐、鸡粉、花椒油。
4. 翻炒一会儿，至食材入味，关火后盛出装盘即可。

干香又下饭

外婆菜风吹肉

闻着外婆菜的香味，心也按捺不住地变得浮动起来。在厨房里一阵忙碌，紧实的腊肉开始变得松软，这道色靓味美的菜，做好了端上桌，一定会被抢得碗底朝天。

下饭要诀

芝麻油遇高温后很容易产生臭味，所以滴上芝麻油时要选择先关火，然后再快速炒匀。

原料

风吹肉250克，外婆菜180克，青椒、红椒各30克，豆豉少许

调料

料酒、辣椒面、鸡粉、芝麻油、食用油各适量

做法

1 风吹肉洗净，切片；豆豉洗净，切碎；外婆菜洗净，切碎；青椒、红椒均洗净，切开，去除籽，再切圈。

2 用油起锅，放入风吹肉，煎至两面出油，倒入外婆菜、豆豉，淋入料酒，炒香。

3 加入辣椒面、鸡粉，炒匀，撒上青、红椒圈，炒至断生，滴上芝麻油，炒匀即可出锅。

最家常的美味

老腊肉豆角

这是一款口感极佳、风味十足的菜品，味道咸鲜。豆角翠绿，老腊肉红亮，色泽分明。适量食用有消食、祛寒等食疗作用。

下饭要诀

煸炒腊肉时要掌握好火候，不可将腊肉煸炒得过干，影响口感；豆角焯好后应过一遍凉开水，能使其口感更脆嫩。

原料

豆角200克，老腊肉160克，干辣椒少许

调料

盐、料酒、鸡粉、食用油各适量

做法

1 豆角洗净，撕去老筋，切除头尾；老腊肉洗净，用温水浸泡一会儿，再切条。

2 锅中注水烧开，加入食用油、盐，倒入豆角，焯至色泽翠绿，捞出沥干。

3 用油起锅，撒上干辣椒，爆香后拣出，倒入老腊肉，煸出油，淋上料酒，炒香。

4 倒入焯好的豆角，翻炒至表皮皱起，加入鸡粉，炒匀即可。

莴笋炒熏肉

满盘香脆爽

莴笋一直很受欢迎，不仅因为它口感脆爽，还因为它气味清香。将它与烟熏肉搭配，荤素得宜，咸淡互补，很有下饭菜的风味。

下饭要诀

莴笋不宜炒得太老，以八九成熟最佳。烟熏肉本身的咸味较重，烹调时加入的盐不宜太多。

原料

烟熏肉220克，莴笋200克，红椒30克，干辣椒少许

调料

鸡粉、辣椒油、料酒、老抽、食用油各适量

做法

1 烟熏肉洗净，切片；莴笋洗净，去皮，切段，再改切菱形片；红椒洗净，切片。

2 用油起锅，撒上干辣椒爆香，放入烟熏肉，炒出油，淋入料酒、老抽，炒香。

3 放入莴笋，炒匀，倒入红椒，加入鸡粉、辣椒油，转中火，快速炒匀即可。

泥蒿炒腊肉

无尽鲜香

腊肉本味咸香适口，与清香的泥蒿混合后，咸辣的气味便肆无忌惮地弥漫开来，再加上耀眼的红椒点缀，真可谓是色香味俱全，谁能抵挡得住这样的诱惑！

下饭要诀

腊肉的咸味很重，一般的做法是先煮一下。不过也有更为简便的办法：用热水浸泡约5分钟，回软后用清水冲洗就可以了，能有效减轻咸味。

原料

腊肉200克，泥蒿200克，红尖椒15克，蒜末少许

调料

白糖、盐、料酒、生抽、鸡粉、花椒油、食用油各少许

做法

1 腊肉洗净切片；泥蒿洗净，切长段；红尖椒洗净，切条形。

2 用油起锅，放入腊肉，煎出香味，加入白糖、料酒，撒上蒜末，炒匀。

3 倒入泥蒿，加入生抽，炒出香味，倒入红尖椒，炒至断生。

4 起锅前加入盐、鸡粉、花椒油炒匀即可。

蒜苗熏肉

吃不腻的味道

蒜苗和哪个最搭，是鲜嫩的鸡蛋，还是片片的五花肉？其实，青青的蒜苗跟饱经沧桑的老腊肉，也是一对好拍档。

下饭要诀

蒜苗梗不太容易炒熟，切段时要短一些；红尖椒的籽较辣，切片时应清除干净。

原料

熏肉350克，蒜苗120克，红尖椒、蒜头各少许

调料

料酒、生抽、盐、鸡粉、辣椒油、食用油各适量

做法

1 熏肉洗净，切片；蒜苗洗净，切段；红尖椒洗净，斜刀切片。

2 用油起锅，放入腊肉，炒至出油，撒上拍碎的蒜头，加入料酒、生抽，炒匀。

3 撒上蒜苗梗和红尖椒，炒至断生，倒入蒜苗叶，大火炒熟。

4 加入盐、鸡粉、辣椒油，炒匀，出锅盛盘即可。

小炒腊猪脸

香辣咸鲜最开胃

这是一道简单易做的小炒。材料常用，做法家常，味道却是超级棒。蒜香十足，腊味醇厚，是一道极为开胃的下饭菜。

腊猪脸是风干的肉类食品，表面会有许多的污渍。切片前要先用热水冲洗，更有利于饮食健康。

原料

腊猪脸350克，蒜苗150克，红尖椒60克，泡小米椒、干辣椒各少许

调料

生抽、料酒、鸡粉、食用油各适量

做法

1. 腊猪脸洗净，切片；蒜苗洗净，切小段；红尖椒洗净，切圈。
2. 用油起锅，放入泡小米椒，煸炒一会儿，滑入干辣椒，爆香。
3. 倒入腊猪脸，煎至两面出油，淋上生抽、料酒，快速翻炒。
4. 倒入红尖椒和蒜苗，加入鸡粉，炒匀即可出锅。

最正宗的湘味

炒猪血丸子

猪血丸子又称血粑豆腐或猪血粑，是湖南邵阳地区的特产，色泽黑，气味香，很适合蒸、炒的烹饪方式，尤其是大火快炒，香气四溢，特别能勾人食欲。

下饭要诀

猪血丸子的盐分含量较高，食用前最好用开水煮一会儿，能减轻咸味。

原料

猪血丸子250克，五花肉100克，蒜苗160克，朝天椒55克，蒜片少许

调料

剁椒酱、鸡粉、料酒、生抽、食用油各适量

做法

1 猪血丸子洗净，切片；五花肉洗净，切片；蒜苗洗净，切段；朝天椒洗净，切圈。

2 用油起锅，撒上蒜片爆香，放入猪血丸子和五花肉炒香，淋上料酒，炒匀，倒入剁椒酱。

3 注入少许清水，炒匀，倒入蒜苗梗，炒至断生，撒上朝天椒和蒜苗叶，炒至熟软。

4 加入鸡粉、生抽，炒匀，关火后出锅装盘即可。

梅菜扣肉

要的就是这口醇香

这道菜颜色酱红油亮、汤汁黏稠鲜美，肉片滑而不腻。梅干菜吸收了猪肉的油脂，猪肉中又杂糅了梅干菜的幽香，吃起来口感软烂，味道醇厚。

下饭要诀

梅菜扣肉的做法繁杂，包含了煮、炸、蒸等烹饪方式。正因如此，制作时需要更加耐心，才能做出好滋味。

原料

五花肉 500 克，水发梅干菜 200 克，葱花少许

调料

盐、鸡粉、老抽、生抽、水淀粉、食用油各适量

做法

1 五花肉洗净，放入沸水锅中煮熟，捞出放凉，再抹上老抽，腌渍一会；梅干菜用温水洗净，切碎。

2 热锅注油，烧至七八成热，放入五花肉，轻轻搅动，炸至表皮成虎皮状，捞出，沥干油，放凉后抹上生抽，切薄片。

3 取一个大碗，摆上肉片，使其呈圆形，再倒入梅干菜，上蒸锅用旺火蒸约 40 分钟。

4 拿出大碗，倒扣在盘中，滗出汤汁，倒入小碗中，取下大碗。

5 用油起锅，放入汤汁煮沸，加入盐、鸡粉，拌匀，用水淀粉勾芡，关火后盛出，浇在肉片上，最后点缀上葱花即可。

记忆中的味道

外婆脆猪耳

热气腾腾的卤汁，脆香劲道的猪耳朵，食欲不佳时来一盘，嚼劲十足，配上米饭超过瘾哦！

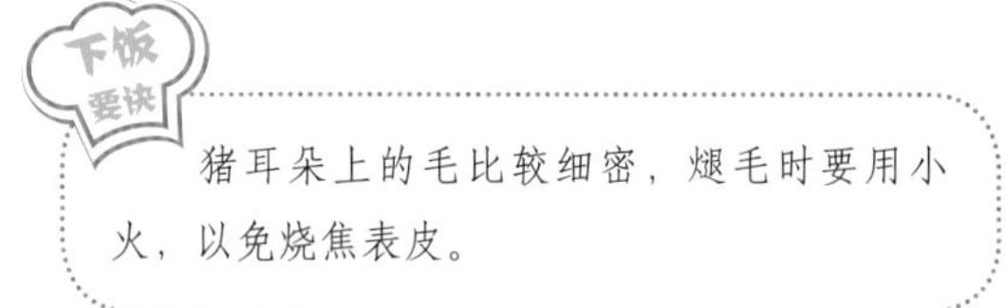

猪耳朵上的毛比较细密，煺毛时要用小火，以免烧焦表皮。

原料

猪耳400克，干辣椒、八角、桂皮、茴香、大葱、姜片各少许

调料

生抽、老抽、盐、白酒各适量

做法

1 猪耳用火煺毛，洗刷干净。
2 锅中注水烧开，加入白酒，倒入猪耳，汆去腥味，捞出待用。
3 另起锅，注水烧热，放入干辣椒、八角、桂皮、茴香、大葱、姜片，制成卤汁。
4 倒入猪耳，加入生抽、老抽、盐，拌匀，大火煮沸，转小火卤猪耳至熟。
5 取出猪耳，放凉后切丝，摆在盘中，浇上少许卤汁即可。

炒腊牛肉

佐酒下饭两相宜

这道菜颜色酱红油亮、肉质柔软而有韧劲，油而不腻。通过爆炒，蒜苗和干辣椒的香味融于牛肉中，吃起来腊香极为醇厚。

下饭要诀

腊牛肉的做法比较简单，烹饪前需要用温水清除杂质，吃的时候口感才好。

原料

腊牛肉400克，蒜苗100克，干辣椒少许

调料

盐、鸡粉、料酒、食用油各适量

做法

1 腊牛肉洗净，放入温水中浸泡片刻，捞出后切片；蒜苗洗净，切段。

2 用油起锅，放入干辣椒爆香，放入腊牛肉，煎至两面冒出油脂。

3 淋上料酒，炒香，放入蒜苗梗，炒至软，加入盐、鸡粉，放入蒜苗叶，炒至断生。

4 关火后盛出，装在盘中即可。

辣椒酱蒸腊鱼

吃着就是带劲儿

咸鲜的腊鱼，想变个花样，可以加点辣椒酱来开开胃。如果不想烟熏火燎，简单一点，那就蒸吧！只需上锅蒸熟，美味就会主动出现！

下饭要诀

腊鱼的风味很足，调味时盐要少放，不过油要多一点，这样咸香味会更浓。

原料

腊鱼300克，干辣椒、香菜、葱各适量

调料

盐、鸡粉、料酒、辣椒酱、食用油各适量

做法

1 腊鱼用温水浸泡一会，冲洗干净，吸干水分，再斩成块；香菜洗净，切段；葱洗净，切葱花。

2 将辣椒酱放入碗中，加入盐、鸡粉、料酒，拌匀，调成味汁，待用。

3 把腊鱼块摆入盘中，淋上味汁，铺平，上蒸锅蒸熟后取出。

4 用油起锅，撒上干辣椒爆香，关火后盛出浇在腊鱼上，最后点缀上香菜段和葱花即可。

杭椒炒鱼仔

连下三大碗干饭

桂林人有句俗话：“鱼仔下饭，鼎锅刮烂。”一句话道出了鱼仔的香辣爽口，不可不吃。

下饭要诀

小鱼干本身油性不重，炒的时候油要多放一些。热油浸过的鱼肉，口感会回软，嚼着也劲道。

原料

小鱼干 200 克，青椒 80 克，红椒少许

调料

鸡粉、料酒、盐、食用油各适量

做法

1 小鱼干洗净，沥干水；青椒、红椒均洗净，去籽，切粗丝。

2 用油起锅，倒入小鱼干，煸炒出香味。淋上料酒，炒匀，加入鸡粉、盐，

3 倒入青椒、红椒，翻炒至熟。关火后盛入盘中即可。

茄子最温柔

咸香茄子煲

咸鱼当不了主菜，但却是最好的陪衬。就比如这道菜，软乎乎的茄子，配上质地硬实的咸鱼，柔中带刚，想不多吃上几口都不行。

下饭要诀

鸡胸肉的腌渍时间要长一些，能让肉质更紧实，翻炒时肉不容易碎，吃起来也有韧劲。

原料

茄子300克，鸡胸肉200克，咸鱼120克，蒜末、葱花各少许

调料

盐、鸡粉、料酒、蚝油、生抽、豆瓣酱、陈醋、水淀粉、食用油各适量

做法

1 鸡胸肉洗净，切条，改切丁；茄子洗净，切片，再切块；咸鱼洗净，切碎。

2 把鸡丁放入碗中，加入盐、鸡粉、水淀粉，搅匀，腌渍一会。

3 将茄子放入另一碗中，撒上盐，腌出水分，挤干备用。

4 用油起锅，放入鸡肉，滑炒一会，待转色后盛出。

5 锅留底油烧热，撒上蒜末爆香，放入茄子翻炒，倒入鸡丁，淋入料酒，炒香。

6 注入少许清水，加入蚝油、生抽、豆瓣酱、陈醋，拌匀，放入咸鱼，焖煮至熟。

7 调入盐、鸡粉，转大火收汁，用水淀粉勾芡，盛出装盘，撒上葱花即可。

酸白菜烩排骨

这酸爽才够味

一想到东北酸菜，就口齿生津。这道菜口感微酸，排骨融合酸菜的清爽，酸菜解了肉的油腻，汤汁也是鲜咸可口、味道香浓。吃一口，不由得让人竖起拇指，连声叫绝。

下饭要诀

白醋腌渍的时间可长一些，能使其口感更脆；排骨也可先汆一下水，能去除血渍，也能减轻腥味。

原料

白菜 300 克
排骨 200 克
蒜末、葱各少许

调料

盐、鸡粉、鸡汁、
白醋、生抽、料酒、
食用油各适量

做法

1 白菜洗净，切除老根，再切成丝，用盐、白醋腌渍约 3 小时，挤干水分；排骨洗净，切段；葱洗净，切葱花。
2 用油起锅，撒上蒜末爆香，倒入排骨，炒至转色。
3 淋上生抽、料酒，炒香，放入鸡汁，炒匀炒香，注入清水，煮至排骨熟透。
4 倒入腌好的白菜，放入盐、鸡粉，炒匀，关火后出锅装盘，撒上葱花即可。

唤醒味觉

开胃鸡汁酸笋

很多人都爱吃竹笋，想吃竹笋的时候，就来试试这酸酸的味道吧！鲜美的鸡汁配上酸脆的笋片，特别下饭。不过竹笋的纤维较多，食用时不宜过量，不然不好消化。

下饭要诀

竹笋是常见的食材，四季都有，不过以春、冬两季的最为鲜美。烹饪时可以搭配上猪腰、鸡肉等，都有不错的食疗效果。

原料

水发竹笋300克，酸菜100克，水发红薯粉200克，朝天椒少许

调料

盐、胡椒粉、鸡汁、白醋、食用油各适量

做法

1 竹笋洗净，去除表皮，撕成片；酸菜洗净，切段；朝天椒洗净，切圈。

2 锅中注水烧开，放入竹笋和酸菜，略煮一小会，去除杂质，捞出沥干。

3 用油起锅，放入鸡汁，注入清水，拌匀、煮沸，放入红薯粉，煮至断生。

4 倒入焯过水的食材，搅散、煮沸，加入盐、胡椒粉、白醋，撒上朝天椒，煮熟即可。

口水鸭胗

不容错失的美味

咸鲜的酱油、醇厚的陈醋、香辣的红油，再调入细砂糖拌匀，不知从何时起，每到夏天，总会想起这道凉拌小菜。或酸或辣或麻，配上冰爽啤酒超带劲，用来下饭更是有奇效。

下饭要诀

鸭胗的内壁黄皮不可食用，清洗时要清除干净；若不喜欢鸭胗的腥味，可先汆一下水，能改善口感。

原料

鸭胗 350 克，八角、桂皮、姜片、薄荷叶各少许

调料

盐、老抽、生抽、鸡粉、辣椒油、陈醋、白糖、酱油、芝麻油各适量

做法

1. 鸭胗清洗干净；薄荷叶洗净，切段。
2. 锅中注水烧开，放入八角、桂皮和姜片，倒入鸭胗，加入盐、老抽、生抽，拌匀，加盖煮约 15 分钟，至鸭胗熟透，取出放凉后切片。
3. 将鸭胗放入碗中，加入盐、鸡粉、辣椒油、陈醋、酱油、白糖，搅匀。
4. 淋上芝麻油，继续搅拌一会儿，盛出装盘，点缀上薄荷叶即可。

拌着吃才过瘾

梅菜烟笋

梅干菜有芥菜干、油菜干、白菜干、雪里蕻干之别，多自制而成，每一品种的口感不一样。若与烟笋一起炒制，最好选择雪里蕻制成的梅干菜，风味极佳。

下饭要诀

烟笋的吃法很多，可以鲜炒、煲煮，或者制成干品，风味独特。常见的菜式有烟笋烧肉、烟笋烧鸭、油焖烟笋、烟笋火锅等，喜欢吃的人可多尝试。

原料

烟笋200克，水发梅干菜50克，红椒丝、干辣椒、香菜段各少许

调料

盐、鸡粉、生抽、芝麻油、食用油各适量

做法

1 烟笋洗净，切片，改切细丝；梅干菜洗净，切碎。

2 沸水锅中加入食用油，倒入笋丝，略煮。

3 放入梅干菜，拌匀，煮去多余酸味，捞出，控净水。

4 用油起锅，倒入干辣椒爆香，关火后拣出，倒入笋丝和梅干菜。

5 加入盐、鸡粉、生抽、芝麻油，搅匀，盛入盘中，点缀上红椒丝和香菜段即可。

第四章

至爱那个味，不麻不辣不痛快

相对于麻的单调，辣略显繁杂，比如有豆瓣酱、剁椒酱、干辣椒、辣椒……如果有心去数数，也能数得清。可麻与辣组合起来，却有无限的可能，口味丰富，吃着过瘾。不仅如此，据研究表明，吃麻辣还能降血压、降胆固醇和保护心脏。本来麻辣菜和米饭就是绝配，何况吃麻辣还对身体有好处，那就更要筷子不停，吃到“菜尽粮绝”了。

超级无敌米饭杀手

小炒肉

咸香的五花肉，与尖椒的辣味相互融合，相辅相成，摇身一变成为了下饭的绝佳组合。

下饭要诀

肉片可先用盐腌一小会儿，能去除腥味；煎肉片时要用小火，以免煎煳。

原料

五花肉250克，青椒80克，红椒30克，蒜末少许

调料

盐、鸡粉、花椒油、豆豉酱、老抽、生抽、料酒、食用油各适量

做法

1 五花肉洗净；青椒洗净，对半切开，去除籽；红椒洗净，去籽，切片。
2 锅中注水烧开，放入五花肉煮熟，捞出放凉，抹上老抽上色，腌渍一会儿，再切成薄片。
3 用油起锅，放入肉片，煎出香味，淋上料酒、生抽，炒匀。
4 放入豆豉酱，撒上蒜末炒香，倒入青椒和红椒，煸炒至表面呈虎皮状。
5 加入盐、鸡粉、花椒油，翻炒食材至入味，关火后盛出即可。

蒜苗五花肉

『馋嘴猫』的挚爱

这道菜以水煮五花肉搭配新鲜蒜苗，用豆瓣酱等作料一同下锅爆炒而成。菜品色泽油亮，肉片甘腴肥美，柔韧耐嚼，配以爽脆鲜甜的蒜苗，配上白米饭，百吃不腻！

下饭要诀

蒜苗叶的口感很嫩，也没有蒜苗梗的辛辣，所以炒制的时间不宜太长，以免口感偏老。

原料

五花肉 350 克，
蒜苗 85 克，
蒜末少许

调料

盐、鸡粉、辣椒油、生抽、白糖、陈醋、豆瓣酱、食用油各适量

做法

1 五花肉洗净；蒜苗洗净，斜刀切段。
2 锅中注水烧开，放入五花肉，煮至断生，捞出，沥干水分，放凉后切薄片。
3 用油起锅，撒上蒜末爆香，加入豆瓣酱炒匀，放入肉片，炒香。
4 加入生抽、白糖、陈醋，炒匀，倒入蒜苗梗，炒至断生。
5 加入盐、鸡粉、辣椒油，倒入蒜苗叶炒匀即可。

香辣花菜的江湖味

大碗花菜

肉片怎么做都美味，尤其是切得薄薄的肉片，口感特别带劲，再用干辣椒的香辣和花菜的清爽与之混合，三者互补，令人食欲大增。

花菜容易招惹虫子，烹饪前应焯一下水，不要因嫌麻烦而省略哦！

原料

猪肉150克，花菜300克，干辣椒、大蒜各少许

调料

盐、料酒、生抽、水淀粉、鸡粉、豆瓣酱、食用油各适量

做法

1 猪肉洗净，切片；花菜洗净，切小朵；大蒜去皮洗净，拍碎，剁成末。

2 将肉片放入碗中，加入盐、料酒、生抽、水淀粉，抓匀，腌渍一会儿。

3 沸水锅中加入盐、食用油，倒入花菜，焯至断生，捞出沥水。

4 用油起锅，放入干辣椒爆香，倒入肉片，炒至转色，撒上蒜末，放入豆瓣酱炒匀。

5 倒入焯过水的花菜，炒匀，加入盐、鸡粉，炒至食材入味，关火后盛盘即可。

小炒猪脚皮

鲜辣劲道好滋味

猪脚皮，炒到喷香，适合下酒，更适合下饭，油而不腻，有嚼劲。做上这么一道香辣劲道的猪脚皮，配上大米饭是最合适不过的了！

下饭要诀

猪脚皮就是猪蹄的表皮，味道比单吃猪蹄更好，不过脂肪较多，配的蔬菜要多一些。这样吃起来才不油腻。

原料

猪脚皮 350 克，芹菜梗 160 克，青椒、红椒各 65 克，蒜末少许

调料

老抽、白糖、盐、豆豉酱、鸡粉、食用油、辣椒油各适量

做法

1 猪脚皮洗净，放入沸水锅中汆煮一会，捞出，放凉后切小块；芹菜梗洗净，切段；青椒、红椒均洗净，切圈。
2 用油起锅，放入蒜末爆香，倒入猪脚皮，炒匀，放入老抽、白糖，炒匀至上色。
3 放入豆豉酱，中火翻炒一会儿，至猪脚皮熟软，再倒入青红椒和芹菜。
4 加入盐、鸡粉、辣椒油，旺火炒匀即可。

香辣鲜嫩又下饭

蒜片猪心

猪心要做得有弹性，所以要先煮熟，保持肉质口感均匀；滑炒时要用旺火快速翻转。这样才能做出下饭的好菜肴。

猪心的腥味较重，翻炒时可加入度数较高的白酒去腥，风味更佳。

原料

猪心350克，青尖椒、红尖椒各20克，大蒜、桂皮、八角、生粉、蒜末各少许

调料

盐、料酒、生抽、鸡粉、食用油各适量

做法

1 猪心用生粉搓洗，再冲洗干净；青尖椒、红尖椒均洗净，切圈；大蒜去皮，洗净切片。

2 锅中注水烧热，放入桂皮、八角，倒入猪心，淋上料酒，煮至熟。

3 捞出猪心，放凉后切开，再切成薄片，待用。

4 用油起锅，放入蒜片爆香，倒入青尖椒、红尖椒，炒香，倒入切好的猪心，淋上生抽，快速滑炒。

5 加入盐、鸡粉炒匀调味，出锅装盘即可。

辣椒酱腰花

闻着香 吃着美

猪腰鲜嫩味美，被辣椒酱提出了香辣味，更让人胃口大开，尤其是对腰膝酸痛、肾虚、盗汗的朋友，很有补益作用。

下饭要诀

猪腰切开后，白色的一层筋膜不可食用，需清除干净；腌渍猪腰时最好用白酒，能有效减轻腥味。

原料

猪腰350克，青尖椒、红尖椒各45克，生粉、蒜末、姜末、干辣椒各少许

调料

辣椒酱、盐、鸡粉、料酒、生抽、辣椒油、食用油各适量

做法

1 猪腰洗净，剖开，去除筋膜，切上网格花刀，再改切片；青尖椒、红尖椒均洗净、切圈。
2 把猪腰放入碗中，加入盐、料酒、生粉，抓匀，腌渍一会。
3 沸水锅中加入料酒，放入猪腰，汆煮片刻，去除污渍，捞出过凉开水，待用。
4 用油起锅，放入干辣椒、蒜末、姜末爆香，加入辣椒酱，炒香，放入猪腰，淋上生抽。
5 旺火翻炒至熟，转小火，倒入青、红尖椒，加入盐、鸡粉、辣椒油，炒匀即可出锅。

吃的就是酱香味

尖椒炒猪肝

尖椒炒猪肝鲜辣可口，爆炒的猪肝脆嫩，尖椒软糯清香，再加上豆瓣酱调味，汤汁浓郁，是一道非常受欢迎的下饭菜。

下饭要诀

猪肝是猪体内储存养料和解毒的重要器官，有很好的补血作用，但生吃有害，一定要烹饪熟透，方可食用。

原料

猪肝 300 克，青尖椒、红尖椒各 100 克，干辣椒、姜末各少许

调料

豆瓣酱、料酒、盐、鸡粉、黄酒、水淀粉、食用油各适量

做法

1. 将猪肝用温水浸泡片刻，冲洗干净，再切小块；青尖椒、红尖椒均洗净，斜刀切圈。
2. 把猪肝片放入碗中，加入黄酒、水淀粉，抓匀，腌渍 10 分钟。
3. 用油起锅，放入干辣椒，爆香后拣出，撒上姜末，加入豆瓣酱一同煸炒。
4. 滑入猪肝，快速翻炒至变色，淋入料酒，炒香。
5. 放入青、红尖椒，加入盐、鸡粉炒匀，至猪肝表面略硬即可出锅。

鲜椒烩猪肚

这辣味 不简单

脆爽鲜嫩的猪肚，透着一丝甜辣，味道香浓、口感柔韧、营养丰富，是佐酒下饭的美味佳肴。

下饭要诀

猪肚的黏液很多，腥味也重，清洗时要用粗盐和白醋反复搓洗数遍。这样能有效清除异味，改善口感。

原料

猪肚350克，青尖椒150克，红尖椒40克，高汤适量，姜片、蒜末各少许

调料

盐、鸡粉、黑胡椒粉、料酒、生抽、食用油各适量

做法

1 猪肚洗净备用；青尖椒、红尖椒均洗净，切圈。

2 沸水锅中放入猪肚，加入料酒，汆煮一会儿，捞出放凉，再去除油脂，改切成条。

3 用油起锅，放入姜片、蒜末爆香，倒入猪肚条，炒干水汽。

4 淋上料酒、生抽，炒匀，注入高汤，改中小火煮至熟软。

5 放入青尖椒和红尖椒，加入盐、鸡粉、黑胡椒粉，续煮一会儿。

6 关火后出锅装盘即可。

最给力的大肉菜

干捞牛肉

牛肉，有着补中益气、滋养脾胃、强健筋骨、化痰息风、止渴止涎等诸多食疗效果，还有补血的作用。冬天时食用，更有暖胃的功效。

卤牛肉前可以先汆一下水，能去除血渍，减轻腥味；卤制时可放入少许陈皮，能使肉更快煮熟。

原料

牛肉300克，红尖椒50克，卤料1包，青花椒适量

调料

辣椒酱、生抽、老抽、盐、鸡粉、花椒油、辣椒油、食用油各适量

做法

1 牛肉洗净，用刀背拍打几下，使肉变紧；红尖椒洗净，切圈。

2 锅中注水烧开，放入卤料包和青花椒，倒入牛肉，加入生抽、老抽、盐，拌匀。

3 大火煮沸，转中小火卤牛肉至熟，捞出，放凉后切片。

4 用油起锅，放入牛肉片，加入辣椒酱，撒上红尖椒，炒出香味。

5 加入花椒油、辣椒油、鸡粉，注入少许卤汁，煮沸后关火，盛入盘中即可。

双椒牛肉

汇聚鲜辣滋味

辣椒清香扑鼻，牛柳嫩滑汁醇。如此经典的一道家常小炒，闻着香，吃着更香，自然可以轻松地勾起食欲，让你胃口大开。

下饭要诀

牛肉条切好后可用刀背拍打一会儿，腌渍时更易入味；滑牛肉的油温宜高不宜低，这样能保持牛柳的滑嫩。

原料

牛里脊肉 200 克，青尖椒 75 克，朝天椒 50 克，蛋清 15 克，泡小米椒、姜末、蒜片各少许

调料

盐、鸡粉、辣椒油、花椒油、老抽、料酒、水淀粉、食用油各适量

做法

1 牛里脊肉洗净，切片，改刀成条；青尖椒、朝天椒均洗净，切段。

2 把牛肉条装入碗中，用料酒、蛋清、盐抓匀，腌渍约 10 分钟。

3 热锅注油，烧至六七成热，倒入腌好的牛肉，滑至转色，盛出，沥干油。

4 锅留底油烧热，放入姜末、蒜片和泡小米椒，爆香，放入牛肉，加入老抽、料酒，炒匀。

5 倒入青尖椒和朝天椒，翻炒至辣椒表皮皱起，加入盐、鸡粉、辣椒油、花椒油。

6 转中火炒至入味，用水淀粉勾芡，关火后出锅装盘即可。

挡不住的诱惑

小炒牛百叶

这道菜借鉴了小炒猪肚丝的做法，用尖椒和蒜片爆炒。成菜色彩丰富，亮丽诱人，吃起来更是香辣可口，堪称下饭“神器”。

牛百叶本身就很脆嫩，翻炒的时间不宜太长，以免使其失去韧劲。

原料

牛百叶300克，红尖椒30克，蒜片、葱段各少许

调料

盐、白糖、白醋、花椒油、豆瓣酱、料酒、生抽、食用油各适量

做法

1 牛百叶用白醋搓洗，再冲洗干净；红尖椒洗净，切圈。

2 锅中注水烧开，放入牛百叶，淋上料酒，拌匀，汆煮至断生，捞出沥水，过凉开水后改切细丝。

3 用油起锅，撒上蒜片爆香，加入豆瓣酱，炒匀，放入牛百叶，炒香。

4 淋上料酒、生抽，炒匀，倒入红尖椒和葱段，炒至断生。

5 加入盐、白糖、花椒油，炒匀即可。

辣子鸡

瞬间引爆味蕾

辣子鸡，特别麻，超级辣。它给人的第一印象就是“火爆”，但真正吃到嘴里的时候，感觉又不同了，鸡肉脆，辣椒香，一口饭配一口鸡肉，实在是欲罢不能！

下饭要诀

鸡肉腌渍时不需要用较高度数的白酒，也不需要用开水汆烫，否则会失去鲜味。

原料

鸡肉450克，蛋液、干辣椒、花椒、熟芝麻、葱各适量

调料

盐、料酒、水淀粉、鸡粉、生抽、食用油各适量

做法

1 鸡肉洗净，切小块；葱洗净，切葱花。

2 把鸡块放入碗中，加入盐、料酒、水淀粉、蛋液，抓匀，腌渍一会儿。

3 热锅注油，烧至六七成热，倒入鸡块，炸成金黄色，捞出沥干油，待用。

4 锅留底油烧热，撒上干辣椒、花椒爆香，倒入炸好的鸡块，炒匀。

5 加入盐、鸡粉、生抽，炒匀，出锅装盘，撒上熟芝麻和葱花即可。

藤椒鸡

清香怡人好味道

鸡肉爽脆清香，藤椒鲜辣有劲，两者一起用豆瓣酱爆炒，当然就更为爽口了。藤椒还有祛湿、温脾、补中、去积食等功效，多吃几碗饭，当然毫无矜持！

下饭要诀

藤椒的口感较为青涩，煮的时间要长一些。此外，注入的清水最好是温开水，这样能缩短烹煮时间，也能锁住鸡肉的蛋白质，不致流失。

原料

三黄鸡半只，青尖椒、红尖椒各20克，藤椒、姜末、蒜末各少许

调料

豆瓣酱、料酒、生抽、盐、鸡粉、辣椒油、食用油各适量

做法

1 三黄鸡用流水冲去血渍，再切块；青尖椒、红尖椒均洗净，切条。

2 用油起锅，撒上姜末、蒜末爆香，放入豆瓣酱，炒出香辣味。

3 倒入鸡肉，炒至转色，淋上料酒、生抽，炒香，注入适量清水，大火煮沸。

4 放入藤椒，焖煮鸡肉至熟，加入盐、鸡粉，淋入辣椒油，煮至汤汁收浓。

5 放入青尖椒、红尖椒，炒至断生，关火后出锅装盘即可。

豉椒鸡胗

好一道米饭杀手

鸡胗，相信很多人都爱吃，脆爽的鸡胗，酸辣的香味，馋得让人直咽口水。就算时间紧张，这道可以迅速炒出的快手菜也能让你开开心心吃一顿好饭。

下饭要诀

鸡胗有特殊气味，需要用较高度数的白酒腌渍，或者用开水汆烫，以去除其腥味。

原料

鸡胗300克，芹菜85克，朝天椒45克，蒜片、葱花各少许

调料

料酒、生抽、陈醋、豆豉酱、辣椒油、盐、鸡粉、食用油各适量

做法

1. 鸡胗洗净，切成小丁；芹菜洗净，切丁；朝天椒洗净，切圈。
2. 用油起锅，撒上蒜片爆香，放入鸡胗，大火爆炒，煸干水分。
3. 淋上料酒、生抽，炒出香味，放入豆豉酱，炒出辣味，倒入芹菜和朝天椒，炒至断生。
4. 加入盐、鸡粉，炒匀，最后淋上陈醋、辣椒油炒匀，出锅装盘，撒上葱花即可。

红油鸭掌

又麻又辣好味道

红油，就是辣椒油，是用干辣椒加工而成，鲜辣醇厚，天生红亮诱人，既能用来搭色，又能用来调味。用红油搭配鸭掌，吃起来鲜辣脆爽，要的就是这个味儿！

鸭掌的腥味较轻，清洗时也不用很费劲。想吃嫩点的直接腌渍一下，就不必汆水了。

原料

鸭掌300克，青尖椒、红尖椒、干辣椒、藤椒、熟白芝麻各少许

调料

盐、鸡粉、白糖、白醋、豆豉酱、料酒、老抽、食用油各适量

做法

1 鸭掌用白醋搓一会儿，冲洗干净；青尖椒、红尖椒均洗净，切圈。

2 锅中注入清水烧开，淋上料酒，倒入鸭掌，汆去腥味，捞出沥干。

3 用油起锅，放入干辣椒，炸香后拣出辣椒，放入鸭掌，炒匀。

4 淋上料酒、老抽，炒香，放入豆豉酱翻炒均匀。

5 注入清水，放入藤椒，焖煮一会至鸭掌熟透。

6 倒入青、红尖椒，加入盐、鸡粉、白糖，炒匀。

7 关火后出锅盛盘，撒上熟白芝麻即可。

煳辣鹅肠

余香萦绕 家的味道

这道菜香辣可口，鹅肠的爽脆、尖椒的鲜辣，都融于一体，让人回味无穷，做起来也十分方便。

下饭要诀

鹅肠鲜嫩爽脆，表面的黏液多，腥味较重，清洗时可加入生粉或者面粉揉搓；鹅肠有滋阴的作用，女性可适量多食用。

原料

鹅肠200克，青尖椒100克，红尖椒、八角、桂皮、干辣椒、花椒各适量

调料

盐、生抽、老抽、料酒、白醋、食用油各适量

做法

1 鹅肠用白醋搓洗几遍，再用流水冲洗干净；青尖椒、红尖椒均洗净，切段。

2 锅中注水烧开，淋上料酒，放入鹅肠，汆煮至断生，捞出沥干，放凉后切段。

3 用油起锅，撒上花椒，爆香后拣出花椒，放入八角、桂皮，倒入鹅肠，炒匀，淋上老抽，炒匀至上色。

4 注入适量清水，大火煮沸，转小火煮熟，关火后盛出鹅肠，放凉后切段。

5 另起油锅，放入干辣椒爆香，拣出辣椒后倒入鹅肠，加入盐、生抽炒匀。

6 放入青、红尖椒，炒至断生，关火后盛入盘中即可。

尖椒兔

又麻又辣 香到尖叫

尖椒的火红和麻辣被柔嫩鲜爽的兔肉所包容，开胃又下饭。

下饭要诀

尖椒煮至断生即可，不可煮得太老，以免食用时失去了鲜爽的口感。

原料

兔肉400克，红尖椒80克，花椒、干辣椒各少许，清汤适量

调料

盐、鸡粉、料酒、食用油各适量

做法

1 兔肉洗净，切小块，加入盐、料酒拌匀，腌渍一会；红尖椒洗净，切圈。

2 用油起锅，撒上花椒、干辣椒，爆香后拣出，放入腌好的兔肉，炒匀，淋上料酒，炒香，注入清汤，大火煮沸。

3 转中火煮兔肉至熟，撒上红尖椒，煮至断生，出锅前加入盐、鸡粉调味即可。

香辣牛蛙

令人忘我的香辣鲜美

这道菜鲜辣清香，是家常佐餐佳品，而且牛蛙还含有维生素A、钙、磷、钾等营养成分，有滋阴助阳、补虚损、解劳热、健脾消积等功效，很适合胃口不开者食用。

下饭要诀

牛蛙肉不宜切得太大，否则腌渍时不易入味；炸牛蛙肉时，油温要控制适当，不宜太高，以免炸煳。

原料

牛蛙肉350克，青尖椒50克，红尖椒40克，蛋清、香菜、姜片各少许

调料

盐、料酒、生抽、水淀粉、花椒油、鸡粉、胡椒粉、食用油各适量

做法

1 牛蛙肉洗净，斩成小块；青尖椒、红尖椒均洗净，切圈；香菜洗净，切段。

2 把肉块放入碗中，加入蛋清、盐、料酒、生抽、水淀粉，抓匀，腌渍约10分钟。

3 热锅注油，烧至六七成热，倒入腌好的肉块，炸出焦香味，捞出，沥干油。

4 锅留底油烧热，撒上姜片爆香，倒入炸过的肉块，煸炒一会儿，淋上料酒、生抽，炒匀。

5 放入青尖椒和红尖椒，旺火炒至断生，加入盐、鸡粉、胡椒粉，炒匀。

6 放入香菜，倒入花椒油，炒匀出锅即可。

新晋的米饭杀手

土豆牛蛙

土豆绵软，牛蛙细嫩，麻辣厚重持久。看着就让你食欲大开。

下饭要诀

制作时，可先将腌好的牛蛙肉滑油至色泽微黄，然后加上辣酱，用旺火爆炒，可保持肉质的鲜嫩。

原料

牛蛙500克，土豆200克，青尖椒80克，朝天椒、泡椒、蒜末、葱花各适量

调料

料酒、蚝油、生抽、芝麻油、白糖、盐、水淀粉、食用油各适量

做法

1 牛蛙洗净切块，用白糖、盐、水淀粉和料酒抓匀，腌渍10分钟；土豆去皮，洗净，切成丁；青尖椒、朝天椒均洗净，切圈；生抽和蚝油倒入碗里拌匀备用。

2 锅里放油，烧至四成热左右，下入蒜末爆香，转大火，放入泡椒炒香。

3 将牛蛙、土豆倒入，翻炒均匀，再倒进适量开水，小火焖10分钟。

4 倒进生抽和蚝油的混合汁，放入青尖椒和朝天椒，大火烧至酱汁浓稠，浇上芝麻油，炒匀装盘，最后撒上葱花即可。

泡椒焖鳝段

有滋有味吃鳝段

家常菜最得食客心。仅就这道鳝鱼来说，脆软的黄瓜配上嫩滑的鳝鱼，弥漫着浓浓的泡椒辣味。

下饭要诀

鳝鱼如加白醋清洗，会有很浓的醋味，此时需用清水多冲洗几遍；鳝鱼肉切上网格花刀，翻炒时会更入味。

原料

鳝鱼肉500克，黄瓜200克，泡椒、姜、大蒜、高汤各适量

调料

酱油、白醋、白糖各8克，盐、味精、料酒、花椒油、食用油各适量

做法

1 鳝鱼肉洗净，切长段；黄瓜去皮，洗净，切条；姜、大蒜均去皮洗净，剁成末。
2 锅内加油烧至七成热，放入鳝段煸干水分，加黄瓜条、泡椒和姜末、蒜末，炒出香味。
3 烹入料酒炒匀，加酱油、盐、白糖和适量高汤烧开，转小火烧至鳝鱼熟软。
4 待锅内汤汁烧干，加入味精、白醋、花椒油，再将汁收干，装盘即可。

沸腾鱼

鲜红麻辣的诱惑

沸腾鱼一上桌，满目的辣椒红亮养眼，口味辣而不燥，鱼肉鲜嫩爽滑，油而不腻。“麻上头，辣过瘾，不油腻”，正是它下饭的三大“绝招”。

下饭要诀

煎鱼骨时，可放入少许胡椒粉，能提鲜味；黄豆芽煮的时间不宜太长，以免口感偏老。

原料

草鱼1条，黄豆芽120克，姜末、干辣椒、香菜段各适量

调料

盐、鸡粉、花椒油、陈醋、生抽、豆瓣酱、料酒、水淀粉、食用油各适量

做法

1 草鱼宰杀后冲洗干净，取鱼肉切片，将鱼骨斩成段；黄豆芽洗净，切除根部。
2 把鱼肉放入碗中，加入盐、料酒、水淀粉，抓匀，腌渍约10分钟。
3 用油起锅，放入鱼骨煎出香味，撒上姜末炒香，加入豆瓣酱炒匀，注入清水，煮沸。
4 倒入黄豆芽，放入盐、鸡粉、花椒油、陈醋、生抽，拌匀，煮至食材熟软，盛入碗中。
5 锅中留汤汁煮沸，倒入鱼肉片，煮熟后盛入碗中，待用。
6 另起锅，注油烧热，放入干辣椒爆香，关火后将油盛出浇在鱼肉上，最后点缀上香菜段即可。

泡椒墨鱼仔

劲道十足 酸辣开胃

墨鱼仔是一款健康营养的常见海鲜，滋味鲜美、口感柔嫩，很适合旺火爆炒。若是与辣椒同炒，辣味浓烈，香气迷人，那真算是极品美味了！

下饭要诀

烹饪墨鱼仔时，料酒的用量可多一些，以去除腥味；若有条件，最好选择高度数的白酒。

原料

墨鱼仔350克，蒜薹150克，红椒、泡椒各30克，姜片、蒜末各少许

调料

辣椒酱、料酒、生抽、盐、鸡粉、辣椒油、食用油各适量

做法

1 墨鱼仔处理干净；蒜薹洗净，切丁；红椒洗净，切圈。

2 沸水锅中加入料酒，放入墨鱼仔，汆煮一会，捞出沥干水分。

3 用油起锅，撒上姜片、蒜末爆香，倒入辣椒酱炒匀，放入墨鱼仔，淋上料酒、生抽，炒香，放入泡椒，炒匀。

4 倒入蒜薹和红椒，加入盐、鸡粉、辣椒油，翻炒一会，至食材入味。

5 关火后盛入盘中，摆好盘即可。

四季皆宜的下饭菜

青椒炒蛋

青椒炒鸡蛋这道从小吃到大的家常菜，口味微辣，烹饪时间短，可谓是极好的快手菜品。此外，这道菜的营养价值也很高，有促进大脑发育、增强记忆力的作用。

下饭要诀

鸡蛋，色香味俱全，口感清淡香软，配上辣辣的尖椒，很容易勾起食欲；而且烹饪方法也简单易上手，适合初学者。

原料

鸡蛋3个，青尖椒100克，红尖椒40克

调料

盐、鸡粉、食用油各适量

做法

1 青尖椒、红尖椒均洗净，切条形；鸡蛋磕入碗中，加入盐搅散，调成蛋液。

2 锅置火上烧热，放入青尖椒、红尖椒，炒干水汽，盛出备用。

3 用油起锅，倒入一半的蛋液，滑炒成蛋花，盛出，再与另一半的蛋液混匀。

4 锅留底油烧热，放入混匀的蛋液，炒香，倒入炒过的青、红尖椒，炒匀。

5 加入盐、鸡粉，再一次炒匀，关火后盛入盘中即可。

干煸豆角

微麻微辣特下饭

干煸豆角这道菜可算是米饭的最好搭档，浓郁的香辣味道不知迷倒了多少人。其实，它的做法相当简单，只需把豆角炒出焦香味，就大功告成了。

下饭要诀

切好长豆角后要沥干水分，煸炒时才不会溅油；做的时候也可根据自己的喜好加入猪肉末或者牛肉末。

原料

长豆角 300 克，花椒、干辣椒各适量

调料

盐、鸡粉、食用油各适量

做法

1 长豆角洗净，去除筋膜，再切除头尾。
2 沸水锅中加入盐，放入长豆角，焯煮至断生，捞出沥干水。
3 用油起锅，放入花椒、干辣椒，爆香，放入长豆角，煸炒一会，至表皮皱起。
4 加入盐、鸡粉，炒匀调味，关火后起锅装盘即可。

滑在舌尖的麻辣

麻婆豆腐

麻婆豆腐是天下皆知的四川名菜，麻辣辛香，受到食客的普遍喜爱。成菜色泽红亮，豆腐爽滑，入口细嫩有味，不愧为“米饭杀手”。

下饭要诀

做麻婆豆腐最好选择不老也不嫩的豆腐，吃起来既有弹性，也不容易煮碎；高汤的分量以淹没食材为佳，不宜太多，否则就变成豆腐浓汤了。

原料

豆腐350克，高汤适量，干辣椒、花椒、葱各少许

调料

豆瓣酱、白醋、盐、鸡粉、食用油各适量

做法

1 将豆腐放入加了白醋的开水中氽烫一会，捞出后切小方块；葱洗净，切葱花。

2 用油起锅，放入干辣椒、花椒爆香，注入高汤，煮沸，放入豆腐块。

3 加入豆瓣酱，拌匀，大火煮至汤汁收浓，加入盐、鸡粉，拌匀。

4 关火后盛出，撒上葱花即可。

辣味金针菇

香辣得停不下筷子

简简单单，七八分钟就能完成的一道菜。金针菇口感爽滑，配上剁椒的香辣和蒸鱼豉油的鲜美，风味十足。

下饭要诀

金针菇装在盘中时要摆放开，或者加入食用油拌匀。这样不仅更容易蒸熟，也能保证口感更鲜滑。

原料

金针菇300克，葱少许

调料

盐、鸡粉、蒸鱼豉油、剁椒酱、芝麻油各适量

做法

1. 金针菇洗净，切除根部。
2. 把剁椒酱放入碗中，加入盐、鸡粉、蒸鱼豉油，调匀，制成酱汁，备用。
3. 将金针菇放入盘中，摆好，铺上酱汁，上蒸锅蒸约5分钟。
4. 取出，趁热淋入芝麻油，撒上葱花即可。

第五章

“鲜”人为主，无法抵挡的诱惑

不管是天上飞的，地上跑的，还是水里游的，原味才最鲜美；无论是旺火炒的，还是小火煮的，鲜的滋味总能捕获你的味蕾。馋的时候，满足你的嘴；饿的时候，抚慰你的胃，还有什么能挡住“鲜”的步履呢？即使胃口不佳的人，也会被这份鲜美所诱惑。

鲜椒鱼片

微辣鲜嫩也下饭

鲜椒鱼片改良自水煮鱼片，用新鲜的辣椒和花椒来调味，鱼片入口鲜滑，带有淡淡的香麻和丝丝的鲜辣，妙不可言。

下饭要诀

鱼骨煎好后，最好注入热水，这样汤汁很快就煮沸了，而且汤汁的鲜味很浓，更加开胃。

原料

草鱼1条，青尖椒、红尖椒各40克，蛋清、花椒各少许

调料

盐、鸡粉、生抽、料酒、水淀粉、食用油各适量

做法

1. 草鱼处理干净，切断头尾，取净鱼肉切成薄片，鱼骨切段；青尖椒、红尖椒均洗净，切圈。
2. 把鱼肉片装入碗中，加入盐、料酒、蛋清、水淀粉，搅匀，腌渍一会儿。
3. 热锅注油，烧至六七成热，倒入鱼片，搅散，滑一小会，捞出控油。
4. 锅留底油烧热，放入鱼骨，煎至两面断生，淋上料酒，炒香。
5. 注入适量清水，放入花椒，大火煮沸，加入盐、鸡粉、生抽，拌匀。
6. 放入滑好的鱼肉片，倒入青、红尖椒，煮至熟，关火后盛入盘中即可。

餐桌上的鲜美滋味

腊八豆鲫鱼

煎至金黄的鲫鱼、鲜亮诱人的红椒、翠绿欲滴的青椒，一次满足色、香、味多种需要，吃起来清香爽口，营养丰富均衡，做起来也极为简单。

下饭要诀

鲫鱼在切花刀时，刀口可切深一些，不仅腌渍时能更好地去除腥味，焖煮时也更易入味。

原料

鲫鱼 400 克，腊八豆 50 克，青椒、红椒各少许

调料

盐、料酒、鸡粉、白醋、豆瓣酱、食用油各适量

做法

1 鲫鱼宰杀洗净，两面切花刀；青椒、红椒均洗净，切圈。

2 把鲫鱼放在盘中，用盐和料酒抹匀，腌渍约 10 分钟。

3 用油起锅，放入鲫鱼，煎至两面金黄，注入清水，放入豆瓣酱和腊八豆，拌匀煮沸。

4 转小火，放入青红椒，拌匀，煮至断生，加入盐、鸡粉、白醋，转大火收汁，关火后出锅盛盘即可。

油焖开背虾

淋漓尽致的海鲜风味

细嫩洁白的虾肉，饱满而鲜美，实在妙不可言，让人胃口大开。只需用蚝油、豆瓣酱，就能做出香软的油焖开背虾了，还不赶紧动手，犒劳一下自己？

下饭要诀

基围虾切好后可用水淀粉、料酒腌渍约15分钟，焖熟后味道会更鲜美。

原料

基围虾400克，葱少许

调料

盐、白醋、生抽、蚝油、豆瓣酱、料酒、食用油各适量

做法

1 基围虾洗净，放入盐水中浸泡一会儿，捞出，剪去头尾，再切开背部；葱洗净，切葱花。

2 用油起锅，放入基围虾，炒至色泽鲜红，淋上料酒，炒香，放入蚝油、豆瓣酱，再次炒香，注入清水，焖煮虾肉至熟。

3 加入盐、白醋、生抽，炒匀至食材入味，关火后盛出，撒上葱花即可。

韭菜河虾

最受欢迎的家常鲜美味

脆香的河虾，清爽的韭菜，这道菜可谓是亮点十足。河虾有补中益气、强筋健脾等滋补功效，是很保健的下饭菜。

下饭要诀

韭菜作为常见的保健性食材，炒的时间不能太长，以免丢失营养，失去特有的清香气味。

原料

韭菜100克，河虾200克，红椒少许

调料

盐、白醋、生抽、料酒、食用油各适量

做法

1 韭菜洗净，切段；河虾洗净，放入盐水中浸泡一会儿，捞出沥干；红椒洗净，切丁。

2 用油起锅，放入河虾，炒至色泽鲜红，淋上料酒，炒香。

3 放入韭菜，炒至断生，加入盐、白醋、生抽，炒匀至食材入味。

4 倒入红椒，炒至断生，关火后盛出即可。

洞庭鱼米香

一道小菜忆江南

大多数鱼以清蒸为佳，既营养，味又鲜。不过小鱼干是个例外。做小鱼干就要先煎至鱼肉紧致，再焖至汤汁浓稠，趁热上桌，咸鲜微辣，绝对满足你的胃口。

下饭要诀

煎小鱼干的油不宜太多，而且要用中小火煎至微黄。吃起来既不油腻，又有韧劲。

原料

小鱼干150克，虾米100克，青尖椒100克，蒜末、姜末各少许

调料

料酒、生抽、盐、鸡粉、食用油各适量

做法

1 小鱼干和虾米均清洗干净，用吸油纸吸干水分；青尖椒洗净，切圈。

2 用油起锅，撒上蒜末、姜末爆香，放入小鱼干，煸出香味，倒入虾米。

3 淋上料酒、生抽，炒匀，倒入青尖椒，炒至断生，加入盐、鸡粉，炒匀即可。

下饭一锅鲜

海鲜钵

鱿鱼与虾仁、肉丸的搭配，口感鲜美，营养也丰富，能补充人体所需的钙、牛磺酸等多种营养元素，但不宜食用过量，而且体质寒凉者应忌食。

下饭要诀

鱿鱼切花刀时要细密一些，不仅更易入味，而且遇热卷起来也更为美观。

原料

鱿鱼肉 400 克，虾仁 180 克，肉丸 150 克，青尖椒、红尖椒各 35 克，姜片、青花椒各少许

调料

盐、鸡粉、陈醋、辣椒油、豆瓣酱、料酒、食用油各适量

做法

1 鱿鱼肉洗净，切网格花刀，再切小块；虾仁洗净，切开，去除虾肠；青尖椒、红尖椒均洗净，切段。
2 把鱿鱼片放入碗中，加入盐、料酒、鸡粉，抓匀，腌渍一会儿。
3 用油起锅，撒上姜片爆香，放入豆瓣酱，炒香，注入清水，煮沸。
4 倒入肉丸和青花椒，略煮一会，倒入鱿鱼和虾仁，拌匀，煮至断生。
5 放入青红尖椒，加入盐、鸡粉、陈醋、辣椒油，拌匀，续煮至全部食材熟透即可。

炒鲜鱿鱼

要爆炒才有滋味

海鲜多数以煮或者蒸为好，不仅保留了营养，而且成品更加鲜美。但鱿鱼不一样，就是需要爆炒，吃起来才过瘾。那股呛鼻的辣味，韧脆十足的口感，让人回味无穷。

下饭要诀

炒鱿鱼时最好多放一些油，炒熟时宜用中火。这样可使其吃起来既不油腻，又有韧劲。

原料

鱿鱼300克，洋葱150克，葱段、青椒、红椒、蒜末各适量

调料

食用油、盐、白糖、料酒、老抽各适量

做法

1 青椒、红椒均洗净，切块；洋葱去皮切块；鱿鱼处理干净，切片，焯水至变色打弯即捞出。

2 油锅烧热，下蒜末、洋葱块、葱白，煸炒至洋葱开始透明，放入焯过水的鱿鱼。

3 转中火，烹入料酒，放青、红椒稍炒，用盐、白糖、老抽调味，放入葱叶炒匀出锅即可。

鲜辣动人 时刻诱惑着味蕾

鲜辣海螺肉

海螺味道鲜美，口感爽脆。这道菜用干辣椒与海螺肉同炒，加上蚝油的鲜甜，滋味与众不同。

下饭要诀

海螺必须用大火翻炒，以杀菌消毒。配料中也可用上大蒜，杀菌效果更佳。

原料

海螺肉 300 克，干辣椒、花椒各适量

调料

料酒、生抽、蚝油、白糖、盐、鸡粉、食用油各适量

做法

1 海螺肉用盐水浸泡 30 分钟，再冲洗干净。

2 锅中注水烧开，加入料酒，倒入海螺肉，汆至断生，捞出沥干水。

3 用油起锅，放入干辣椒、花椒爆香，倒入海螺肉，炒匀，淋入料酒、生抽，炒香。

4 加入蚝油、白糖，炒匀，最后用盐、鸡粉炒匀调味即可。

炒鲜河蚌肉

吃完海鲜想河鲜

大排档的炒河蚌肉，口感酸甜、辣劲十足，就是分量太少，解不了馋。还是买点新鲜河蚌肉自己在家做吧！既保证卫生，也保证口味。

下饭要诀

河蚌肉口感很柔软，腌渍的时间不应太长，以免成菜肉质偏老。

原料

河蚌肉300克，蒜薹120克，红椒、姜末、泡椒各少许

调料

盐、鸡粉、豆豉酱、料酒、生抽、老抽、水淀粉、食用油各适量

做法

1. 河蚌肉洗净，切片，改切细丝；蒜薹洗净，切丁；红椒洗净，切圈。
2. 把肉丝放入碗中，加入盐、老抽、水淀粉，抓匀，腌渍一会儿。
3. 用油起锅，撒上姜末、泡椒爆香，倒入肉丝，炒匀，淋上生抽、料酒，炒香。
4. 加入豆豉酱，炒匀，放入蒜薹和红椒，旺火炒至熟，最后用盐、鸡粉调味即可。

怎么吃都不够

爆炒花甲

爆炒花甲吃饭时最受欢迎，有了炒得鲜嫩的花甲肉，还有呛辣扑鼻的双椒在一旁做伴，米饭肯定能多吃几碗。

下饭要诀

氽煮花甲时，不开口的说明是死花甲，不可食用，爆炒前要拣出来，以免误食引起腹泻。

原料

花甲400克，豆豉35克，青椒、红椒、干辣椒、葱、姜片、蒜末各少许

调料

盐、鸡粉、蚝油、料酒、生抽、食用油各适量

做法

1 花甲刷洗干净；豆豉洗净，切碎；青椒、红椒均洗净，切小块；葱洗净，切长段；姜切片。
2 锅中注水烧开，加入料酒，放入花甲，煮至开口，捞出控净水。
3 用油起锅，撒入干辣椒爆香，拣出后倒入蒜末、姜片、豆豉炒匀，倒入花甲，旺火快炒。
4 淋上料酒、生抽，炒匀，放入青、红椒，炒至断生。
5 加入盐、鸡粉、蚝油，撒上葱段，炒匀即可出锅。

文蛤蒸水蛋

最软最滑蒸水蛋

蒸水蛋小朋友们特别爱吃，开胃又下饭。妈妈做的文蛤蒸水蛋向来是很精致的：既保持了蛋的爽滑，味汁的分量也恰到好处。小朋友们吃着妈妈做的蒸水蛋，身体也会更加健康壮实。

下饭要诀

为了保持蒸蛋的爽滑，倒入适量的水淀粉是比较简单的办法，但吃起来就有点黏黏的。要真正做到爽滑，控制好蒸的时间才是关键。

原料

鸡蛋3个，文蛤200克，葱、红椒粒各少许

调料

盐、鸡粉、料酒、蒸鱼豉油各适量

做法

1 鸡蛋打入碗中，加入盐、鸡粉，搅匀，注入适量凉开水，拌匀，调成蛋液；葱洗净，切葱花。

2 锅中注水烧开，淋上料酒，放入文蛤，汆煮至开口，捞出，沥干水。

3 将蛋液倒入大碗中，上蒸锅用大火蒸约4分钟，放入文蛤，再蒸约6分钟，至食材熟透后取出，趁热加入蒸鱼豉油，撒上葱花和红椒粒即可。

风味牛蛙

连汤都不剩下一点

辣炒牛蛙肉，一段时间不吃心里就惦记。鸡鸭鱼肉吃腻了，想换个口味的时候，来一道风味十足的牛蛙，别有一番滋味。

下饭要诀

牛蛙肉的腥味不太重，料酒的分量最好少一些，这样既可保留蛙肉的鲜美，又能增加菜肴的香味，一举两得。

原料

牛蛙肉300克，青尖椒100克，红尖椒、蒜末、蛋清各少许

调料

白胡椒粉、料酒、豆瓣酱、生抽、鸡粉、盐、水淀粉、食用油各适量

做法

1 牛蛙肉洗净，切小块；青尖椒、红尖椒均洗净，切圈。

2 把牛蛙肉放入碗中，加入白胡椒粉、蛋清、料酒、盐，抓匀，腌渍约15分钟。

3 用油起锅，撒上蒜末爆香，倒入牛蛙肉，炒至转色，加入豆瓣酱、生抽、料酒，炒蛙肉至六七成熟。

4 倒入青红尖椒，旺火炒至断生，加入盐、鸡粉，炒匀，用水淀粉勾芡，关火后出锅装盘即可。

麻辣海蜇

麻辣加爽脆　开胃又过瘾

海蜇晶莹剔透，如同水晶一般，煞是好看。而且它的营养价值也很高，碘和胶原蛋白的含量尤其丰富，想护肤养颜的朋友们，一定不能错过哦！

下饭要诀

购买的海蜇一般不需要切开，因为汆水后会缩小。再者，干品海蜇的盐分较重，调味时盐不宜太多，以免过咸。

原料

海蜇丝350克，熟芝麻、葱丝、香菜段各少许

调料

盐、料酒、生抽、辣椒油、花椒油、鸡粉各适量

做法

1 海蜇丝清除杂质，冲洗干净。

2 锅中注水烧开，放入料酒，倒入海蜇丝，汆煮至熟，捞出沥干水分。

3 将焯好的海蜇丝放入碗中，加入生抽、辣椒油、花椒油、鸡粉、盐，搅匀，盛入盘中，撒上葱丝、香菜段和熟芝麻即可。

火腿炒杂菌

鲜嫩爽滑 不容错过

蟹味菇的鲜味很浓，口感柔嫩，微量元素的含量也很丰富，尤其是磷和锌的含量很高，对提振精神、促进大脑发育等均有帮助，很适合儿童食用。

下饭要诀

火腿口感咸鲜，调味时不宜多放盐，倒是可用蚝油的鲜甜味中和一下，使之更具风味。

原料

火腿150克，蟹味菇200克，杏鲍菇150克，青椒、花椒各少许

调料

豆瓣酱、鸡粉、料酒、盐、食用油各适量

做法

1 火腿洗净，改切片；蟹味菇洗净，切除根部；杏鲍菇洗净，切开，再切薄片；青椒洗净，切片。

2 用油起锅，撒上花椒，爆香后捞出，加入豆瓣酱炒匀，放入火腿，再一次炒匀。

3 倒入杏鲍菇，淋上料酒，炒匀，放入蟹味菇，注入少许清水，旺火翻炒食材至熟，撒上青椒片。

4 加入盐、鸡粉，炒匀即可出锅。

醉腰片

麻辣中透出鲜美

猪腰味道鲜，腥味重，选用浓烈的绍酒就可以去除其腥味而不失鲜美。此外，猪腰的微量元素的含量较多，对腰膝无力、盗汗、耳聋等病症很有食疗效果。

下饭要诀

切猪腰时厚度要均匀一些，而且切好后要用水淀粉挂浆，口感会更鲜美。

原料

猪腰350克，花椒、大葱、红椒丝各少许

调料

盐、豆瓣酱、鸡粉、绍酒、辣椒油、食用油各适量

做法

1 猪腰洗净，切开，去除筋膜，再切薄片；大葱洗净，切细丝。
2 用油起锅，撒上花椒爆香，加入豆瓣酱，炒匀，注入清水，煮沸。
3 淋上绍酒，倒入猪腰，煮至断生，加入盐、鸡粉、辣椒油，拌匀略煮。
4 关火后盛入盘中，点缀上葱丝和红椒丝即可。

留在唇上的鲜辣

鲜椒牛肉

儿童时期正是发育的最佳阶段，为孩子们做的饭菜既要有营养，又要考虑是否对增长智力有利。买点牛肉，再配上含铁丰富的芹菜，爆炒一下，既补肌肉又补血，是一道适合孩子的下饭菜。

牛肉可切得薄一些，炒的时候不仅能更快熟软，也更易入味。

原料

牛肉 400 克，芹菜 80 克，青尖椒、红尖椒各 45 克，花椒、蒜末各适量

调料

盐、鸡粉、生抽、水淀粉、料酒、蚝油、白醋、食用油各适量

做法

1 牛肉洗净，切片；芹菜洗净，切丁；青尖椒、红尖椒均洗净，切圈。
2 把肉片放入碗中，加入盐、鸡粉、生抽、水淀粉，搅匀，腌渍约 15 分钟。
3 用油起锅，撒上花椒爆香，拣出花椒后放入蒜末和牛肉炒香，加入生抽、蚝油，炒匀。
4 淋上料酒，倒入青、红尖椒和芹菜，拌匀，放入盐、白醋，翻炒一会，至食材入味，关火后盛入盘中即可。

小炒黄牛肉

传神的一抹香

韧劲十足的黄牛肉，清脆鲜爽的芹菜，色彩艳丽，肉香扑鼻，并且营养价值高，有益气力、强肌肉等功效，很适合喜欢锻炼身体的人士食用。

炒黄牛肉时最好要用大火，既能使肉质更鲜嫩，也不会丢失过多的营养。

原料

黄牛肉350克，芹菜150克，朝天椒、蒜片各少许

调料

料酒、盐、生抽、水淀粉、蚝油、老抽、鸡粉、食用油各适量

做法

1 黄牛肉洗净，切片；芹菜洗净，切长段；朝天椒洗净，切圈。

2 将肉片放入碗中，加入料酒、盐、生抽、水淀粉，抓匀，腌渍一会儿。

3 用油起锅，放入蒜片爆香，倒入肉片，炒至转色，淋上料酒，炒香。

4 放入蚝油、老抽，倒入朝天椒，翻炒至肉片八成熟，倒入芹菜，炒至变软。

5 加入盐、鸡粉，旺火炒匀即可。

不容错过的一口鲜

馋嘴羊肉

羊肉的做法有爆炒、烤、涮、炖等，爆的鲜嫩，烤的醇香，涮的美味，炖的滋补。不过小编还是以为爆炒的最为馋人，又香又下饭。

下饭要诀

炒羊肉时最好放些白酒，不仅能有效地去除膻味，而且肉熟得也快，肉质不易变老。

原料

羊肉 350 克，青椒 100 克，朝天椒、姜片各少许

调料

黄酒、盐、生抽、鸡粉、胡椒粉、花椒油、豆瓣酱、食用油各适量

做法

1. 羊肉洗净，切片；青椒、朝天椒均洗净，切圈。
2. 把羊肉放入碗中，加入黄酒、盐、胡椒粉、生抽，抓匀，腌渍 15 分钟。
3. 用油起锅，放入姜片爆香，倒入羊肉，炒至转色，淋上黄酒，炒香。
4. 放入豆瓣酱，倒入青椒和朝天椒，翻炒至羊肉熟透。
5. 加入盐、鸡粉、花椒油，旺火炒匀即可。

爆炒乳鸽

香辣爽口 滋味鲜美

乳鸽其貌不扬，却很适合爆炒一下，用来佐酒下饭。脆与辣组合出击，让人无法招架，欲罢不能。

下饭要诀

选用乳鸽做炒菜，可购买已经烤好的，烤乳鸽的香味，再加上适度的麻辣，就更好吃了。

原料

熟乳鸽2只，姜末、干辣椒、葱各适量

调料

盐、鸡粉、豆瓣酱、辣椒油、食用油各适量

做法

1 乳鸽切开，再切成大块；葱洗净，切葱花。

2 用油起锅，撒上姜末、干辣椒爆香，放入豆瓣酱，炒匀，注入清水，煮沸。

3 倒入乳鸽块，煮至入味，加入盐、鸡粉、辣椒油，拌匀。

4 续煮一会儿，收干汁水，关火后盛出，撒上葱花即可。

舌尖上的混搭风

鲮鱼油麦菜

要在常见的蔬菜中寻找出特别的家常味，那这道油麦菜就是上上之选了。油麦菜添上了鲮鱼的咸鲜，既爽口又过瘾，真是让人回味无穷。

下饭要诀

油麦菜本味鲜爽，调味时不宜再用鸡粉，否则会失去原味；此外，油麦菜的食用价值也很高，翻炒的时间不要太长，以免丢失营养成分。

原料

豆豉鲮鱼150克，油麦菜250克，红椒、蒜片各少许

调料

盐、料酒、食用油各适量

做法

1 豆豉鲮鱼切小块；油麦菜洗净，切除根部；红椒洗净，切片。

2 用油起锅，放入油麦菜，旺火翻炒至断生，加入盐，炒匀，盛入盘中，待用。

3 另起锅，注油烧热，撒上蒜片爆香，倒入豆豉鲮鱼，炒匀，淋上料酒，倒入红椒，炒至熟软，关火后盛出，放在油麦菜上即可。

剁椒藕片

脆香鲜辣很爽口

莲藕清甜，宜用剁椒调味，成菜色彩搭配和谐，口感甜中有辣，十分开胃。干辣椒的火辣热情为这道菜更添惊喜。

下饭要诀

莲藕炒之前可以先用加了白醋的温水浸泡一会儿，翻炒时才不容易变黑。

原料

莲藕300克，青尖椒、干辣椒各少许

调料

盐、鸡粉、白醋、芝麻油、剁椒酱、食用油各适量

做法

1. 莲藕洗净，切片；青尖椒洗净，切圈。
2. 锅中注水烧开，加入白醋，放入莲藕，略煮一会儿。加入盐，拌匀，焯至食材断生，捞出，过一遍凉开水，沥干水分，待用。
3. 用油起锅，放入干辣椒，炝炒出香辣味，拣出后倒入剁椒酱炒匀。
4. 放入藕片和青尖椒，加入盐、鸡粉、白醋、芝麻油拌匀，关火后盛出即可。

素菜的华丽转身

生炒娃娃菜

娃娃菜，当然是现炒的最好吃。加入蒜末爆香，快手炒成，色彩艳丽、营养丰富、滋味鲜美，还有一股浓浓的蒜香味，吃起来香脆爽口。

下饭要诀

炒制娃娃菜时，宜用旺火。若选用中小火，不仅会增加烹饪的时间，而且也使得蔬菜口感绵软，还有微酸的味道，吃起来就不脆爽了。

原料

娃娃菜300克，虾仁150克，青椒圈、朝天椒、花椒各少许

调料

盐、鸡粉、生抽、料酒、白醋、食用油各适量

做法

1. 娃娃菜摘去黄叶和老根，清洗干净，再切长段；虾仁洗净，挑去虾肠；朝天椒洗净，切圈。
2. 用油起锅，撒上花椒爆香，放入虾仁，炒至转色，淋上生抽、料酒，炒香。
3. 倒入娃娃菜，炒至稍软，放入朝天椒和青椒圈，旺火炒至断生。
4. 转小火，加入盐、鸡粉、白醋，快速翻炒至入味，关火后盛入盘中，摆好盘即可。

炝拌腐竹

炝辣味丝丝入心

腐竹和西芹都浸在酸鲜清淡的味汁中，开胃爽口，最后再用热热的辣油炝味。如果你喜欢吃辣，这将是你的首选美食！

下饭要诀

买回的干腐竹烹饪时要选择用温水泡软，这样可缩短泡发的时间。

原料

水发腐竹300克，西芹100克，干辣椒少许

调料

盐、鸡粉、白醋、芝麻油、食用油各适量

做法

1 腐竹洗净，切长段；西芹去皮，洗净，斜刀切段。

2 锅中注水烧开，加入食用油，放入腐竹，略煮一会儿。倒入西芹，加入盐，拌匀，焯至食材熟透，捞出，沥干水。

3 将焯熟的食材过一遍凉开水，放入盘中，加入盐、鸡粉、白醋、芝麻油拌匀，待用。

4 用油起锅，放入干辣椒，炝炒出香辣味，关火后盛出，浇在腐竹上即可。

吃的就是这个味

捞拌金针菇

极其诱人的一道菜，金针菇滑嫩爽口，汁水清香醇厚……制作也简便，轻轻松松解决下班后不想做饭的难题。

下饭要诀

焯煮金针菇的时间不能太长，煮好后还要再过一下凉开水，这样能保留其脆嫩的口感。

原料

金针菇250克，红椒、葱、蒜末各少许

调料

陈醋、蒸鱼豉油、盐、鸡粉、食用油各适量

做法

1 金针菇洗净，切除根部；红椒、葱均洗净，切细末。

2 锅中注水烧开，加入盐、食用油，倒入金针菇，拌匀，焯煮至断生。

3 捞出沥干水分，放入盘中，撒上红椒，待用。

4 用油起锅，撒上蒜末炸香，加入陈醋、蒸鱼豉油，拌匀，注入少许清水，加入盐、鸡粉，拌匀煮沸，关火后盛出，浇在盘中，最后点缀上葱末即可。

酱炒春笋

清清爽爽的下饭菜

春笋有一股天然的清香，很能撩动食欲，特别是在万物复苏的春季，一道清新爽口的炒春笋最合时宜，为春天的餐桌增添一份惊喜。

下饭要诀

春笋很鲜美，用作炒菜时，最好挑选笋尖，既容易熟，口感又不苦。

原料

竹笋 350 克

调料

盐、鸡粉、酱油、料酒、食用油各适量

做法

1 竹笋去皮，洗净，切滚刀块。
2 锅中注入适量清水烧开，加入盐、食用油，倒入竹笋，拌匀，煮一会，至断生后捞出，沥干水分，待用。
3 用油起锅，放入焯过水的食材，旺火炒匀，加入酱油、料酒，炒香，注入少许清水，略煮。
4 加入盐、鸡粉，炒匀即可出锅。

第六章

汇聚酱香，烙印在嘴角的美味

汤汁就像喝酒时配上的花生米，已经与菜一同成为了下饭时必不可少的组合，无论是裹在菜上，还是混在米饭中，都有着油亮动人的外表，让人情不自禁吃得天昏地暗——于是，酱香浓郁的红烧也趁势而起，戴上了“下饭王”的皇冠。

酱烧土猪肉

名字越土越下饭

土猪肉特指喂养粮食长大的猪。这种猪的肉质鲜嫩，最大特点就是营养价值高，吃起来有自然肉香味，有嚼头，不仅能开胃，而且还有顺气补血的作用。

下饭要诀

土猪肉气味清香，烹饪时也可不用事先焯煮，旺火翻炒一会，口感更佳。

原料

土猪肉250克，青椒100克，红椒60克，蒜末少许

调料

盐、料酒、酱油、白糖、鸡粉、食用油各适量

做法

1. 土猪肉洗净；青椒、红椒均洗净，去籽，斜刀切片。
2. 沸水锅中加入料酒、盐，放入土猪肉，煮去血渍，捞出沥干，放凉后切片。
3. 用油起锅，放入蒜末爆香，倒入肉片，炒匀，加入酱油、白糖，炒匀至上色。
4. 待肉片七八成熟，放入青红椒，加入盐、鸡粉，炒匀，略煮食材至入味。
5. 关火后起锅盛盘即可。

红烧卤肉

超满足一大锅

没有肉，吃饭怎会香呢？这道菜，色泽透亮，汁水醇厚，既有红烧的润泽，又有诱人的卤味，看着都食欲大增。

下饭要诀

不喜油腻的人，可在猪肉汆好水之后用油炸一会儿，不仅能去除多余的油脂，而且色泽更艳丽，口感也更软嫩。

原料

五花肉400克，桂皮、八角、茴香、草果、姜片、葱结、葱花各适量

调料

盐、料酒、生抽、老抽、豆瓣酱、冰糖、鸡粉、食用油各适量

做法

1 锅中注水烧开，放入姜片、葱结，倒入洗净的五花肉，汆煮至断生，捞出，放凉后切小块。

2 另起锅注水烧热，放入桂皮、八角、茴香、草果，倒入肉块，淋上料酒、生抽，老抽，卤至猪肉熟透，捞出。

3 用油起锅，放入冰糖，炒至融化，倒入肉块，炒至上色，注入清水，放入豆瓣酱，拌匀，煮至入味。

4 加入盐、鸡粉，炒匀，转大火收汁，关火后盛出，最后放上葱花即可。

酱烧猪蹄

吃不腻的味道

猪蹄是常见的肉类食品之一。它蛋白质含量高，味道鲜美，单独成菜味道就相当诱人，尤其是对食欲不佳者很有食疗效果。

原料

猪蹄400克，西蓝花150克，水发木耳、八角、桂皮各少许

调料

料酒、冰糖、酱油、黄酒、盐、鸡粉、食用油各适量

做法

1 猪蹄洗净，斩成小块；西蓝花洗净，切小朵，焯熟备用；木耳洗净，切除根部。

2 锅中注水烧开，淋上料酒，倒入猪蹄，汆去腥味，捞出沥干水。

3 用油起锅，放入冰糖，炒至溶化，倒入猪蹄，炒匀至上色，加入酱油、黄酒，炒香，注入适量清水。

4 放入桂皮、八角，大火烧开后改小火煮熟，放入盐、鸡粉，倒入木耳，转大火收干汁水。

5 拣出香料，关火后盛出，点缀上西蓝花即可。

下饭要诀

给猪蹄上色时，如果颜色不深，可再淋上老抽或者白糖炒匀；锅中的水一定要烧干，菜肴的色泽才更艳丽。

排骨焖大虾

有肉又有虾 香到无暇赞美

这是一道口味鲜美的菜，虾仁香脆，排骨酱香浓郁，二者都吸足了豆瓣酱的咸辣味，轻轻咬上一口，汁水四溢，满嘴都是肉香。

下饭要诀

虾的口感很鲜脆，油炸时最好先裹上一层水淀粉，能保持虾仁肉质的嫩滑。

原料

排骨400克，基围虾200克，姜片、八角、葱各少许

调料

甜面酱、生抽、豆瓣酱、盐、鸡粉、食用油各适量

做法

1 排骨洗净，切段；基围虾剪去头尾，挑出虾肠，洗净；葱洗净，切长段。

2 热锅注油，烧至五六成热，放入基围虾，炸香，捞出沥干油，待用。

3 锅留底油烧热，放入排骨，煸香，放入姜片、八角，炒匀，加入甜面酱、生抽、豆瓣酱，炒匀，注入清水，焖煮排骨至熟软。

4 倒入炸好的虾，加入盐、鸡粉，拣出八角，翻炒至食材入味，关火后盛出，撒上葱段即可。

土豆烧仔排

大快朵颐才过瘾

仔排营养丰富，配上软糯土豆，烧制成菜，味道很香。这道菜营养价值很高，既保留了肉的鲜美，又有土豆的营养，可益气、补钙。

下饭要诀

排骨汆好水后可用盐、生抽再腌渍一会儿，焖煮时会更易入味；调味时盐的分量也不宜太多，以免口味太咸。

原料

仔排 300 克，小土豆 400 克，香菜、八角、桂皮、干辣椒各少许

调料

盐、鸡粉、老抽、绍酒、料酒、豆瓣酱、食用油各适量

做法

1 仔排洗净，斩块；小土豆去皮，洗净，香菜洗净，切长段。
2 沸水锅中加入料酒，放入仔排，煮去血水，捞出冲洗干净，沥干备用。
3 用油起锅，放入仔排，炒匀，淋上老抽、绍酒，炒香，加入豆瓣酱，炒匀。
4 注入适量清水，放入八角、桂皮，煮沸后转小火焖煮约 15 分钟。
5 放入土豆，调入盐、鸡粉，续煮至食材熟软，出锅装盘，撒上香菜段即可。

既补钙又下饭

卤蛋排骨

想要吃好又要吃得营养的朋友们请注意：排骨有“人体最佳钙源”的美称；卤蛋又有促进消化、益血气的作用。二者配在一起，是很不错的温补菜肴，而且还很下饭喔。

下饭要诀

调糖汁时，应烧热油至五六成热，再转小火，否则油温过高不仅会使白糖产生煳味，而且会影响到排骨的色泽。

原料

排骨400克，卤蛋3个，青椒、红椒、蒜头各少许

调料

盐、鸡粉、辣椒面、料酒、白糖、陈醋、食用油各适量

做法

1 排骨洗净，切段；卤蛋去壳，切开，再切瓣；红椒、青椒均洗净，切菱形片。

2 锅中注水烧开，放入排骨，加入适量的陈醋，拌匀，煮沸后捞出排骨，控净水。

3 用油起锅，注入清水，加入白糖，快速搅动，至糖色变红，关火后盛出，制成糖汁，待用。

4 另起锅，注油烧热，撒上蒜头爆香，倒入排骨，炒匀，淋上料酒。

5 倒入糖汁，注入适量清水，烧开后改小火焖煮约20分钟。

6 倒入青红椒，炒香，加入盐、鸡粉、辣椒面，炒匀，出锅装盘，放上卤蛋即可。

萝卜牛腩

家喻户晓的『私房菜』

萝卜牛腩的名气很大，是无肉不欢者的美食典范。最让人欣喜的是，选材常见，做法简单，口感香滑多汁，完全满足了下饭的特点，是一道极为可口诱人的菜肴。

下饭要诀

注入清水时，可放入少许陈皮，既能增加肉香味，又能缩短煮熟牛腩的时间。

原料

牛腩500克，萝卜350克，青椒、红椒各15克，八角、桂皮、姜片各少许

调料

生抽、料酒、盐、鸡粉、白糖、食用油各适量

做法

1 牛腩洗净，切小块；萝卜去皮洗净，切滚刀块；青椒、红椒均洗净，切片。

2 锅中注水烧开，放入料酒，倒入牛腩，汆去腥味，捞出待用。

3 用油起锅，撒上八角、桂皮、姜片爆香，放入牛腩，加入白糖、生抽，炒匀，注入清水，焖煮牛腩至熟。

4 倒入萝卜，煮至熟软，加入盐、鸡粉，撒上青、红椒，炒匀即可出锅。

豆腐的无尽可能

豆腐牛腩

豆腐经过牛肉汤汁的浸染，变得温柔起来，涩味也变成清甜。“五行缺肉”的“吃货们”，正应该来上一份香软的豆腐牛腩，彻底满足一下自己的口腹之欲。

下饭要诀

牛腩不易熟透，焖煮时最好能选用高压锅。这样肉质不仅更容易绵软，而且还能节省烹饪的时间。

原料

牛腩500克，老豆腐300克，干辣椒、八角、桂皮、葱各少许

调料

豆瓣酱、老抽、白糖、盐、鸡粉、胡椒粉、食用油各适量

做法

1 牛腩洗净，切条，再切块；老豆腐洗净，切块；葱洗净，切葱花。

2 用油起锅，放入牛腩，炒至转色，加入老抽、白糖，炒匀至上色。

3 放入豆瓣酱，炒匀，注入清水，放入干辣椒、八角、桂皮，搅匀。

4 煮沸后转小火焖煮50分钟，倒入豆腐块，续煮约10分钟，拣出干辣椒、八角、桂皮。加入盐、鸡粉、胡椒粉，转大火收汁，出锅装盘，点缀上葱花即可。

羊肉煲

羊肉的经典吃法

羊肉的吃法一直都以烤、涮为主，吃起来香辣诱人。而羊肉又是冬季最为温补的食材，用红烧的方式煲上一锅，味香汁浓，是一道配饭的佳品。

下饭要诀

羊肉的膻味重，汆好水后可用盐、生抽、黑胡椒粉腌渍一会儿，能有效减轻膻味，改善口感。

原料

羊肉 450 克，洋葱 70 克，青尖椒、红尖椒各 50 克

调料

盐、鸡粉、花椒油、老抽、绍酒、料酒、豆瓣酱、食用油各适量

做法

1 羊肉洗净，切块；洋葱洗净，切片；青尖椒、红尖椒均洗净，切圈。

2 沸水锅中加入料酒，放入羊肉，煮去血水，捞出冲洗干净，沥干水备用。

3 用油起锅，放入羊肉，炒匀，淋上老抽、绍酒，炒香，加入豆瓣酱，炒匀。

4 注入适量清水，煮沸，转小火焖煮约 45 分钟，放入洋葱炒熟。

5 倒入青、红尖椒，再调入盐、鸡粉、花椒油，炒匀出锅即可。

吃得就是舒坦

板栗焖鸡

板栗和鸡可都是上好的补品。前者补肾，后者滋阴，结合在一起，食用价值就更高了。腰膝无力或者面色苍白的人群都很适合食用这道菜。

下饭要诀

板栗肉很容易氧化，所以切好后要置于清水中，以免颜色变黑。

原料

鸡肉500克，板栗肉250克，青椒、红椒各少许

调料

料酒、老抽、豆瓣酱、盐、鸡粉、水淀粉、食用油各适量

做法

1 鸡肉洗净，切大块；板栗肉洗净，切除头尾；青椒、红椒均洗净，切片。

2 用油起锅，倒入鸡肉，炒至转色，淋上料酒、老抽，炒匀，放入豆瓣酱炒香。

3 注入清水，大火煮沸，倒入板栗肉，搅散，转小火煮至食材熟透。

4 加入盐、鸡粉，倒入青红椒，转大火收汁，出锅前加入水淀粉勾芡即可。

蘑菇烧小鸡

双『鲜』临门 美味成对

鸡肉本身就极其鲜美，再加上茶树菇，味道更是一绝。吃饭的时候混上一点汤汁，那就更下饭了。很适合春季滋补养生。

下饭要诀

鲜茶树菇的口感脆，干茶树菇的味道香。做红烧菜时最好选择干茶树菇，能使菜的香味更浓。

原料

鸡肉350克，水发茶树菇150克，姜片、葱各少许

调料

生抽、蚝油、老抽、盐、鸡粉、食用油各适量

做法

1 鸡肉洗净，切块；茶树菇、葱均洗净，切段。

2 用油起锅，放入肉块，煸炒一会儿，至其转色，倒入姜片，炒匀，淋上老抽，炒匀至上色，注入清水，加入生抽、蚝油。

3 旺火煮沸，倒入茶树菇，转小火焖煮食材至熟，加入盐、鸡粉，撒上葱段，炒香，出锅装盘即可。

吃饭不香来口姜

子姜烧鸭

鸭肉性凉，有润肺利水的作用，是炎炎夏日清热解暑、利水降火的上好补品。子姜气味辛香，很有开胃的作用。这道菜很适合夏季胃口不开者食用。

下饭要诀

鸭肉的口感很绵软，煲煮的时间要长一些，吃起来才更有味道。

原料

鸭肉400克，子姜200克，青尖椒、红尖椒各35克

调料

料酒、豆瓣酱、老抽、盐、鸡粉、水淀粉、食用油各适量

做法

1 鸭肉洗净，切大块；子姜洗净，切滚刀块；青尖椒、红尖椒均洗净，斜刀切段。
2 用油起锅，倒入鸭肉，炒至转色，加入料酒、豆瓣酱、老抽，炒匀炒香。
3 注入清水，煮至鸭肉断生，倒入子姜，拌匀，焖煮至食材熟透。
4 加入盐、鸡粉，撒上青、红尖椒，转大火收汁，出锅前放入水淀粉炒匀即可。

蒜香鹅肉

记忆中的鲜美滋味

鹅肉的香味很浓，常见的菜式有鹅肉炖萝卜、鹅肉炖冬瓜等，以及这道酱香浓郁的蒜香鹅肉，都可以作为秋冬养阴的佳肴。

下饭要诀

倒入蒜头后要转小火，以免炸焦；注入的清水不宜太多，以刚好没过食材为佳。

原料

鹅肉450克，蒜苗120克，干辣椒、蒜头各少许

调料

生抽、甜面酱、蚝油、盐、鸡粉、食用油各适量

做法

1 鹅肉洗净，切大块；蒜苗洗净，切段。

2 用油起锅，放入干辣椒爆香，放入鹅肉，煸一会儿，至其析出油脂，倒入蒜头，炸香。

3 加入生抽、甜面酱、蚝油，旺火翻炒，至注入清水，焖煮至熟，撒上蒜苗梗，炒匀。

4 加入盐、鸡粉，撒上蒜苗叶，翻炒至食材入味，关火后盛出即可。

最下饭的河鲜

红烧鲤鱼

鲜美异常的鲤鱼，过一遍热油，再用香甜的汤汁焖煮一下，立马就换上了新装，成了一道单吃、配饭皆宜的家常好菜。

下饭要诀

炸鱼块时油温不宜太高，以免炸煳；芡汁要浓稠才下饭，所以水淀粉要多用一些，使成菜色泽更为艳丽，口感也更为爽滑。

原料

鲤鱼1条，蒜瓣40克，青红椒50克，葱少许

调料

番茄酱、白糖、陈醋、盐、鸡粉、料酒、生抽、水淀粉、食用油各适量

做法

1 鲤鱼宰杀洗净，两面切上花刀；蒜瓣洗净，剁成末；青红椒洗净，切小段；葱洗净，切葱花。

2 把鲤鱼放入碗中，加入盐、料酒、生抽、水淀粉，抓匀，腌渍一会儿。

3 热锅注油，烧至六七成热，放入鲤鱼，炸至焦脆，捞出沥干油。

4 锅留底油烧热，放入蒜末爆香，加入番茄酱、白糖、陈醋，炒匀，注入适量清水，放入鲤鱼，焖煮至熟透，放入青红椒焖2分钟，加入盐、鸡粉，拌匀。

5 转大火收浓汁水，倒入水淀粉勾芡，出锅装盘，撒上葱花即可。

酱烧千叶豆腐

豆腐的千种花样　吃出万种风情

千叶豆腐是素食新产品，口感软而有韧性，很适合红烧、卤制等烹饪方法，这道菜不油不腻，咸辣可口，对提振食欲很有帮助。

下饭要诀

芝麻油是这道菜最后需要淋上的调味品，多了会油腻，少了会减少香气，一定要把握好用量。

原料

千叶豆腐350克，五花肉150克，姜末、葱各少许

调料

盐、豆瓣酱、老抽、陈醋、芝麻油、水淀粉、食用油各适量

做法

1 千叶豆腐洗净，切片，用盐腌一会儿；五花肉洗净，切片；葱洗净，斜刀切段。

2 用油起锅，放入五花肉，炒至转色，撒上姜末，炒香，加入豆瓣酱、老抽，炒匀。

3 注入清水，放入千叶豆腐，拌匀，焖煮至熟软，加入盐、陈醋，转大火收汁。

4 出锅前放入水淀粉和芝麻油，撒上葱段炒匀即可。

最家常的美味

红烧豆腐

豆腐是常见的食材，口感软中带硬。用来做上一盘红烧菜，味道更好，就像这道菜：辣汁中的豆腐软糯适口，配一碗饭，很对胃口。

下饭要诀

煎豆腐时，可以撒上少许盐，气味会更香；此外，煎豆腐的油温不宜太高，否则很容易变焦，使口感变差。

原料

老豆腐300克，蒜末、葱各少许

调料

盐、鸡粉、辣椒油、豆瓣酱、食用油、水淀粉各适量

做法

1 豆腐洗净，切长方块；葱洗净，切葱花。

2 锅中注水烧开，加入盐，放入豆腐，煮一小会儿，捞出，沥干水分，待用。

3 用油起锅，放入豆腐，煎至两面呈金黄色，撒上蒜末炒香，注入清水，加入豆瓣酱，拌匀。

4 煮沸后转中火焖煮约5分钟，至汤汁收浓，盛出豆腐，放在盘中，待用。

5 锅中留汤汁烧热，加入盐、鸡粉、辣椒油，用水淀粉勾芡，调成稠汁，关火后盛出，浇在豆腐上，撒上葱花即可。

酱汁黄瓜

黄瓜和酱的另类相遇

黄瓜可是炎炎夏日清热解暑、利水降火的佳蔬，可熟食，也可生食。这道菜却介于生熟之间，不油不腻，咸辣可口，对夏季食欲不振很有帮助。

下饭要诀

切黄瓜时厚度要均匀，焖煮时口感才好；肉末可先用水淀粉搅拌至起劲，食用时更有风味。

原料

黄瓜350克，肉末150克，姜末、蒜末各少许

调料

盐、黄豆酱、老抽、白糖、陈醋、芝麻油、水淀粉、食用油各适量

做法

1 黄瓜洗净，斜刀切厚片。

2 用油起锅，放入肉末，炒至转色，撒上姜末、蒜末，加入黄豆酱、老抽、白糖，炒匀炒香。

3 注入清水，放入黄瓜，拌匀，焖煮至断生，加入盐、陈醋，转大火收汁，出锅前放入水淀粉和芝麻油炒匀即可。

冬瓜也疯狂

酱烧冬瓜

冬瓜味道清淡，搭配上肉片、排骨，或者素炒，都很受老人小孩的欢迎。这道菜选择了素炒，用油如用水，只要好吃就值。

下饭要诀

酱油的用量不宜太多，以免冬瓜着色过重，影响美观；喜欢甜味的人士可以多放点蚝油，能增鲜，又提味。

原料

冬瓜350克，红尖椒、蒜片、葱各少许

调料

盐、鸡粉、豆瓣酱、蚝油、酱油、食用油各适量

做法

1 冬瓜去皮，洗净，改切块；红尖椒洗净，切圈；葱洗净，切葱花。

2 用油起锅，撒上蒜片爆香，放入冬瓜，煎两面至断生，加入蚝油、酱油，翻炒一会儿，至其变软。

3 倒入红尖椒，炒匀调味，注入少许清水，放入豆瓣酱，拌匀，略煮一小会，至食材入味。

4 加入盐、鸡粉炒匀，出锅装盘，撒上葱花即可。

家乡烧萝卜

绵软香甜 好吃不塞牙

萝卜的香味很浓，焖煮时很易入味，再搭配上香喷喷的五花肉，荤素适宜。这道浸染着肉香的晚餐，相信你一定不会错过。

下饭要诀

白萝卜的口感比较清淡，并且水分含量较多，能减轻油腻感，所以五花肉可多用一些，吃起来才够味儿。

原料

白萝卜350克，五花肉60克，红尖椒、葱各少许

调料

盐、鸡粉、料酒、生抽、食用油各适量

做法

1 白萝卜去皮，洗净，切厚片；五花肉洗净，切片；红尖椒、葱均洗净，斜刀切段。

2 用油起锅，放入五花肉，煎出油，倒入白萝卜，炒香，淋上料酒、生抽，炒至转色。

3 注入适量清水煮沸，转中火焖煮约7分钟，放入红尖椒圈和葱段，最后用盐和鸡粉调味即可。

甜面酱的新搭档

酱烧山药

山药是一种医食两用的食材，吃起来软糯适口。这道菜就用红烧的方式，让山药吸足甜面酱的香味，满满地塞上一口，让你吃得不亦乐乎。

下饭要诀

山药切好后要浸在淡盐水中，以免氧化变色。

原料

山药400克，红椒20克，葱少许

调料

盐、鸡粉、甜面酱、生抽、食用油各适量

做法

1. 山药去皮洗净，切滚刀块；红椒洗净，切圈；葱洗净，切葱花。
2. 用油起锅，放入山药，煸炒一会儿，加入甜面酱、生抽，浇入清水，焖煮食材至熟。
3. 倒入红椒，撒上葱花，加入盐、鸡粉调味，出锅装盘即可。

红烧茄子

只要茄子就够了

当蚝油、茄子和不同的调料先后有序地在锅中混合，并散发香气时，手中的那碗米饭已经蠢蠢欲动，迫不及待了。

下饭要诀

茄子吸油，锅中的油要多放一点，以防粘锅；口味上不喜甜的朋友，调味时可减少白糖的用量。

原料

茄子350克，红椒、葱各少许

调料

蚝油、白糖、生抽、盐、食用油各适量

做法

1 茄子洗净，切开，斜刀改切条形，再用盐腌渍至变软，洗去盐分，沥干水；红椒洗净，切细丝；葱洗净，切丝。

2 用油起锅，放入茄子，煎出香味，撒上盐，转中火煎至断生，盛出待用。

3 另起油锅，加入白糖、蚝油、盐、生抽，快速拌至白糖溶化，倒入茄子。

4 注入少许清水，焖煮至食材熟软，出锅装在盘中，点缀上葱丝和红椒丝即可。

没肉照样香

黄豆焖茄丁

黄豆焖茄丁是很家常的下饭小菜。它既保留了茄子软糯的味道，更辅以黄豆丰腴的口感，色泽金黄诱人，下饭也格外香。

煸炒茄丁时，要炸干水分，食用时口感才焦脆。

原料

茄子300克，水发黄豆150克，青尖椒、红尖椒、蒜末各少许

调料

盐、白糖、鸡粉、生抽、豆瓣酱、芝麻油、食用油各适量

做法

1 茄子洗净，切条，再切小丁块；青尖椒、红尖椒均洗净，切圈。
2 沸水锅中加入食用油，放入黄豆，焯煮至变软，捞出，控净水。
3 用油起锅，放入茄丁，煸炒干水分，加入生抽、豆瓣酱，炒匀。
4 放入蒜末，炒香，倒入黄豆，注入适量清水，大火煮沸，转小火焖至熟。
5 加入盐、白糖、鸡粉，炒匀，倒入青、红尖椒，炒至断生，淋入芝麻油炒匀，出锅装盘即可。

第七章

越碎越尽兴，怎一个“碎”字了得

吃饭时，端上一盘切得碎碎的下饭菜，顿时就能勾起食欲，把一碗饭吃得酣畅淋漓。不管是炒鸡蛋，还是炒肉末，也总要把它们弄得碎碎的，越碎，吃得就越起劲。特别是将它们与米饭拌在一起——更是相得益彰，水乳交融，不由得你不狼吞虎咽，风卷云残了。

越碎越土越下饭

臊子炒青椒

臊子是一种特殊的做法，多用于吃面。一大碗面，码上一堆碎碎的臊子，吃着特来劲。用它来下饭，更有神奇的效果，吃着吃着，很快米饭就见了底。

臊子的特点是味重，香气浓郁，讲究的是细碎，所以切的时候要剁得绝对的细，腌渍时更易入味，成品也更喷香爽口。

原料

猪瘦肉200克，猪肥肉100克，青椒150克，姜末少许

调料

盐、鸡粉、料酒、白醋、豆豉酱、豆瓣酱、生抽、花椒油、食用油各适量

做法

1 猪肥肉、猪瘦肉均洗净，切小块，再剁成臊子肉；青椒洗净，去除籽，再切圈。

2 把臊子肉放入碗中，加入盐、鸡粉、料酒、白醋，抓匀，加入豆豉酱和食用油，搅匀，腌渍10分钟。

3 用油起锅，放入姜末爆香，倒入腌渍好的臊子肉，炒至转色，放入料酒、生抽、豆瓣酱，炒香，倒入青椒，旺火翻炒至熟，淋上花椒油炒匀，出锅即可。

酸豆角肉末

酸中带辣　开胃当家菜

酸味的东西最是开胃。酸豆角其味鲜、香、嫩、脆，既可以单独食用，又是上好的炒、煮、烤、炖菜的配菜。酸豆角肉末是一道很下饭的菜，酸辣适口，爽脆滑嫩，麻辣咸甜鲜，香味扑鼻。

下饭要诀

酸豆角肉末要做到好吃，一个是酸豆角的酸味不能太重，另一个就是肉末的嚼劲要足。前者需要焯水，后者要求肉末细碎，并且油需多放。

原料

肉末180克，酸豆角250克，干辣椒、蒜末各少许

调料

料酒、老抽、盐、鸡粉、食用油各适量

做法

1 酸豆角洗净，切成碎丁。
2 锅中注水烧开，放入酸豆角，拌匀，煮去多余酸味，捞出沥干水。
3 用油起锅，撒入蒜末、干辣椒，爆香，倒入肉末，炒匀，淋入料酒、老抽，炒香。
4 倒入酸豆角，炒干水汽，加入盐、鸡粉，再次炒匀即可。

很碎很脆很下饭

湘西外婆菜

湘西外婆菜选用的是多种野菜，以当地传统的民间制作方法晒干放入坛内腌制而成，咸、酸、辣、脆、甜各种滋味尽在其中，是一道独具特色的地方名菜。

下饭要诀

萝卜干有特殊气味，不太喜欢它的人可以事先将其焯一下水，能减轻咸酸味。

原料

肉末180克，外婆菜、萝卜干各80克，青椒、红椒、豆豉、大蒜各适量

调料

盐、老抽、白醋、芝麻油、食用油各适量

做法

1 外婆菜、萝卜干均用温水泡发，洗净，切碎；红椒洗净，切碎；青椒洗净，切小片；豆豉剁细；大蒜去皮，洗净，切末。

2 锅内入油烧热，入豆豉、蒜末炒香，倒入肉末，炒香，加入外婆菜、萝卜干、青椒、红椒，炒匀。

3 调入盐、老抽、白醋炒匀，淋入芝麻油，起锅盛入盘中即可。

黄菜炒肉

要碎 要酸 更要辣

酸菜在湖南又称黄菜，很受大众喜爱。食用时搭配豆豉，或者用酱油提一下鲜，都别具风味；调味时不需加太多的调料，原汁原味口味更迷人，特下饭！

下饭要诀

黄菜刚从坛子里拿出来的时候，酸香扑鼻，但咸味很重，淘洗时可用淘米水清洗，去咸味的效果会更好。

原料

黄菜200克，肉末150克，红尖椒20克，葱35克，蒜末少许

调料

盐、鸡粉、料酒、生抽、食用油各适量

做法

1 黄菜洗净，切碎；红尖椒洗净，切圈；葱择洗干净，切段。

2 将黄菜放入温水中，淘洗几遍，去除多余的咸味，捞出，沥干水分。

3 用油起锅，放入蒜末爆香，倒入肉末，炒至转色，淋上料酒、生抽，炒香。

4 倒入黄菜，炒匀，放入葱段和红尖椒，加入盐、鸡粉，旺火炒匀即可。

黑三剁

要碎　要辣　更要香

这是一道很爽口的菜，酸菜的酸爽，青椒的清甜，都吸足了猪肉的油脂，将它撒在白米饭上，油脂四溢，满嘴都是香味。

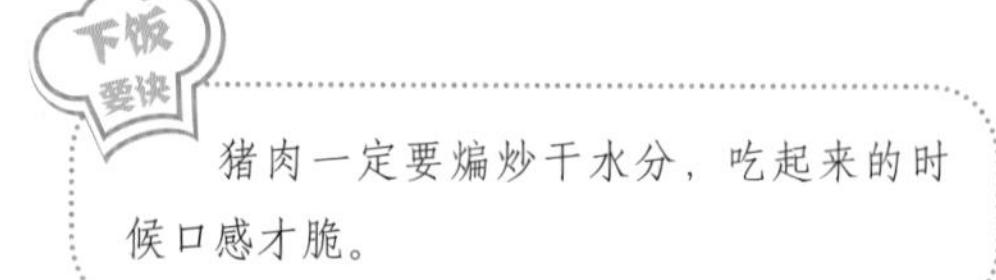

猪肉一定要煸炒干水分，吃起来的时候口感才脆。

原料

猪肉 250 克，青椒 120 克，酸菜 60 克，姜末少许

调料

盐、鸡粉、芝麻油、料酒、老抽、豆豉酱、食用油各适量

做法

1. 猪肉洗净，切小块，再剁成末；青椒洗净，切开去籽，再切碎；酸菜洗净，切碎。
2. 用油起锅，放入肉末，煸炒一会，撒上姜末，淋上老抽、料酒、豆豉酱，炒香。
3. 倒入酸菜，炒匀，放入青椒，加入盐、鸡粉、芝麻油，炒匀即可出锅。

酸菜小笋肉末

酸酸嫩嫩才够味

非常喜欢吃嫩笋，从闻到那淡淡的竹笋香，到吃在嘴里那脆脆的口感，都让人着迷；若再配上咸香开胃的酸菜和肉末，魅力就更足了。

酸菜的酸味如过重，可用清水浸泡一会，能减轻酸味，改善口感。

原料

肉末200克，酸菜75克，嫩笋350克，红尖椒45克，蒜末、葱花各少许

调料

生抽、盐、鸡粉、辣椒油、食用油各适量

做法

1 酸菜洗净，切碎；嫩笋洗净，切丁；红尖椒洗净，切圈。

2 锅中注水烧开，放入酸菜和嫩笋，焯煮一会儿，去除杂质，捞出待用。

3 用油起锅，放入肉末，炒至转色，淋上生抽，放入蒜末，炒匀。

4 倒入焯过水的食材，加入盐、鸡粉、辣椒油，倒入红尖椒炒匀，出锅装盘，撒上葱花即可。

下饭好搭档

榄菜炒双丁

春天的四季豆，色泽碧绿青翠，在金黄的肉末与喷香的橄榄菜点缀下，如同绿芽破土，一片生机盎然。

下饭要诀

这道菜的要诀就是四季豆的焯水。加盐是为了使色泽更鲜艳，用油是为了嫩滑口感。还可以加点白糖，能增加四季豆的清甜。

原料

里脊肉300克，四季豆150克，橄榄菜60克，蒜末、葱段各少许

调料

豆豉酱、盐、鸡粉、料酒、生抽、辣椒油、水淀粉、食用油各适量

做法

1 里脊肉洗净，切条形，改切成丁；四季豆去除老筋，切除头尾，再切丁。

2 把肉丁放入碗中，加入盐、水淀粉，抓匀，腌渍约10分钟。

3 沸水锅中加入盐、食用油，放入四季豆，焯至断生，捞出沥干水。

4 用油起锅，放入蒜末、葱段爆香，加入豆豉酱，炒出香味。

5 放入肉丁，炒至转色，淋入料酒、生抽，炒匀。放入焯好的四季豆，煸炒至表皮皱起。

6 倒入橄榄菜，加入盐、鸡粉、辣椒油，炒匀即可。

青椒脆肚

脆软鲜辣 开胃又过瘾

猪肚可是令人大饱口福的绝佳美味。切碎了用热油煎一下，再烹入鲜辣的豆豉酱，闻上去有陈年美酒般的醇香，让人回味无穷。

下饭要诀

熟猪肚的腥味不太重，材质很软，料酒的分量不宜太多，以免失去风味。

原料

熟猪肚300克，青尖椒100克，红尖椒60克，蒜末、姜末各少许

调料

盐、豆豉酱、鸡粉、料酒、辣椒油、花椒油、食用油各适量

做法

1 熟猪肚切碎；青尖椒、红尖椒均洗净，切圈。

2 用油起锅，放入熟猪肚，煎炒一会儿，至色泽透亮，撒上蒜末、姜末，放入豆豉酱，炒出香味。

3 加入盐、鸡粉、料酒，炒匀，放入青尖椒、红尖椒，炒至断生。

4 再淋入辣椒油、花椒油，炒匀即可。

香辣牛肉

畅快淋漓的开胃佳肴

牛肉在热油中迅速滑上一遍，变得焦脆而香软，撒上辣椒面，香气扑鼻，再用星星点点的芹菜装饰一番，绝对是下饭的人气美食。

下饭要诀

滑牛肉时油温不宜太高。若用高油温炸，会使其口感变得干枯，色泽上也变得暗黄。

原料

牛肉300克，芹菜100克，红尖椒60克，蒜末少许

调料

老抽、料酒、盐、水淀粉、辣椒面、花椒粉、食用油、鸡粉各适量

做法

1. 牛肉洗净，切条形，再切小片；芹菜洗净，切小段；红尖椒洗净，切开，去籽，改切圈。
2. 把牛肉片放入碗中，加入老抽、料酒、盐、水淀粉，抓匀，腌一会儿。
3. 热锅注油，烧至七八成热，倒入腌好的牛肉，滑至转色，捞出沥油。
4. 锅留底油烧热，放入蒜末爆香，倒入牛肉，加入辣椒面、花椒粉，炒香。
5. 放入芹菜和红尖椒，炒至断生，加入盐、鸡粉，炒匀即可。

缤纷的美食诱惑

青豆牛肉粒

这道菜清爽诱人。翠绿的豌豆、鲜亮的红椒、淡黄的牛肉粒，色彩互相映衬，味道互相融合，再加上浓郁的蒜香味，相当下饭。

下饭要诀

牛肉不容易腌渍入味，要反复抓匀几次，使其充分吸收水分；牛肉也可选择先滑油，翻炒时更易熟透。

原料

牛肉250克，青豆300克，红椒30克，姜片、蒜片各少许

调料

蚝油、料酒、生抽、盐、鸡粉、水淀粉、食用油各适量

做法

1 牛肉洗净，切条，再切粒；青豆洗净，去除白色薄膜；红椒洗净，切圈。

2 把牛肉粒放入碗中，加入盐、鸡粉、料酒、生抽、水淀粉，抓匀，腌渍一会。

3 沸水锅中加入盐、食用油，倒入青豆，焯煮至色泽翠绿，捞出，沥干水分。

4 用油起锅，撒上姜片、蒜片爆香，倒入腌好的肉粒，炒至转色。

5 加入料酒、蚝油，炒至牛肉五六成熟，倒入青豆，炒至熟。

6 放入红椒圈，加入盐、鸡粉，翻炒约1分钟，关火后盛出即可。

要碎 要咸 更要鲜

鸡米芽菜

芽菜香气很浓，只需烹调时配好食材，花点小心思，就能做出最爽口的美味。简单普通的食材往往带来的是最惬意的满足。

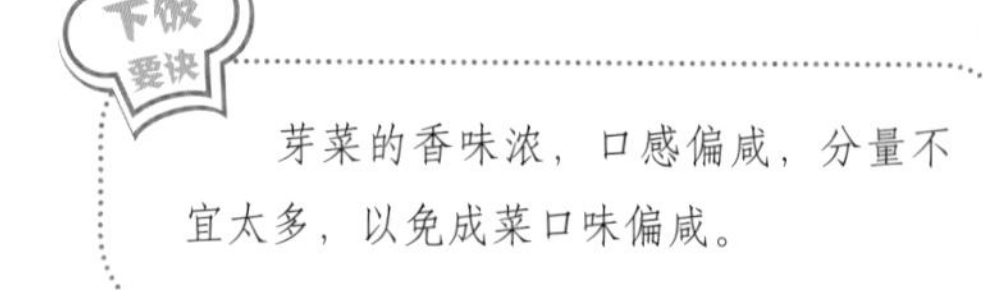

原料

鸡胸肉300克，芽菜70克，青尖椒100克，红尖椒50克，姜末少许

调料

盐、鸡粉、花椒油、料酒、老抽、水淀粉、食用油各适量

做法

1 鸡胸肉洗净，切条，再切米粒状；青尖椒、红尖椒均洗净，切圈。

2 把鸡米粒放入碗中，加入盐、料酒、水淀粉，搅匀，腌渍一会儿。

3 用油起锅，放入姜末爆香，倒入腌好的鸡米粒，煸出香味。

4 加入料酒、老抽，炒匀，放入芽菜，翻炒约1分钟。

5 倒入青、红尖椒，加入盐、鸡粉、花椒油，炒匀即可。

宫保鸡丁

吃不腻的经典味道

宫保鸡丁，享誉五湖四海。它既包括了开胃的“酸”，又蕴含着吃不腻的“甜”，还有鸡肉的一丝鲜，再配上花生的焦脆，吃时真是满嘴的幸福。

下饭要诀

做宫保鸡丁时，火候的把握很重要，特别是要使酸、辣、甜、鲜等味道融为一炉。所以要预先做好味汁及时烹入，味道才不显得糅杂。

原料

鸡胸肉 250 克，熟花生米、大葱各 85 克，蒜末、姜末、干辣椒各适量

调料

陈醋、盐、水淀粉、白糖、老抽、料酒、生抽、食用油各适量

做法

1. 鸡胸肉洗净，切条，再切丁；大葱洗净，切小段。
2. 把鸡丁装入碗中，拌入水淀粉、盐、料酒、生抽，抓匀，再腌渍 10 分钟。
3. 用油起锅，放入干辣椒爆香，倒入鸡丁，炒至转色，淋上料酒，炒香，放入蒜末、姜末，炒匀。
4. 加入白糖、老抽，炒匀，倒入熟花生米和大葱，加入陈醋、盐，炒匀。
5. 最后用水淀粉勾薄芡，起锅盛盘即可。

惹人喜爱的小骨头

蒜烧鸡脆骨

鸡脆骨又称掌中宝，口感鲜脆，吃过的人都会留下深刻的印象。它既有肉，又有骨，再蘸上咸辣的调料，嚼起来就是爽口。

下饭要诀

选用鸡脆骨做菜，常见的有宫保、椒盐、麻辣等做法。做下饭菜时可多换换几种口味，百吃不厌。

原料

鸡脆骨 200 克，生粉 60 克，蛋液 30 克，洋葱 50克，青椒、红椒、蒜瓣、葱段各少许

调料

盐、鸡粉、料酒、花椒油、食用油各适量

做法

1 鸡脆骨洗净，切小块；洋葱洗净，切小块；青椒、红椒均洗净，切丁。

2 把鸡块放入碗中，加入盐、鸡粉、料酒，抓匀，腌渍约 10 分钟。

3 热锅注油，烧至六七成热，将腌好的鸡块裹上蛋液和生粉，放入油锅中，炸香，捞出，沥干油。

4 锅留底油烧热，撒上蒜瓣、葱段爆香，倒入炸好的鸡块，淋入料酒，炒匀。

5 放入洋葱和青红椒，快炒至断生，出锅前放入盐、花椒油炒匀即可。

尖椒鸭脯肉

鸭肉越碎越尽兴

夏季是很苦恼的季节，天气太热，吃不下饭。有没有清热还很香辣的菜肴？这盘菜正好满足你的需求。鸭肉性凉，既有清热降火的作用，还能提高食欲。

下饭要诀

淋芡汁时，淋的速度要慢，边淋边在锅中搅拌，但搅拌的速度要快，让汤汁浓缩，并牢牢地黏附在食材上，使汤汁与食材的味道完美融合。

原料

鸭脯肉300克，青尖椒35克，红尖椒30克，蒜片适量

调料

水淀粉10克，盐2克，料酒4克，味精2克，面酱40克，食用油适量

做法

1 将鸭脯肉洗净，切成丁，放盐、味精腌渍；青、红尖椒均洗净，切圈。

2 将蒜片、盐、料酒、水淀粉、味精和适量水调成芡汁。

3 将锅置于火上，加油烧热，下鸭肉丁炒散后倒入漏勺。另起油锅，下入青、红尖椒爆炒2分钟后，放入鸭肉丁、面酱翻炒1分钟，倒入芡汁急速炒匀即可。

超级下饭的『神器』

地皮菜炒鸡蛋

地皮菜又名地耳、地衣、地木耳，是真菌和藻类的结合体，很有食疗价值。它可补钙、预防骨质疏松，尤其是与鸡蛋一起食用，更有增强大脑活力、补充脑能量的作用，很适合生长发育中的儿童食补。

下饭要诀

地皮菜干品有点咸，可先将它焯一下水，去除多余盐分；此外，还可用温热水浸泡，减轻咸味。

原料

水发地皮菜250克，鸡蛋3个，葱花少许

调料

盐、鸡粉、食用油各适量

做法

1 地皮菜洗净，切碎；鸡蛋打入碗中，加入盐搅匀，调成蛋液，待用。

2 锅置火上烧热，放入地皮菜，炒干水汽，盛出备用。

3 用油起锅，倒入蛋液，炒散，放入备好的地皮菜，加入盐、鸡粉，炒匀。

4 起锅盛入盘中，撒上葱花即可。

开胃螺肉

辣乎乎的开胃菜

干辣椒总是和海味走到一起，其中最常见的是爆炒花甲。不过今天要换做一道辣椒酱爆炒螺肉，味道鲜美，做法家常，口味咸鲜，正好下饭。

下饭要诀

福寿螺肉的腥味较重，烹饪前要汆一下水；青、红尖椒的长短要保持一致，这样翻炒时才能均匀受热。

原料

福寿螺肉 200 克，青尖椒 80 克，红尖椒 15 克，熟芝麻、蒜末、姜末各少许

调料

辣椒酱、盐、鸡粉、料酒、生抽、花椒油、食用油各适量

做法

1. 福寿螺肉洗净，切小块；青尖椒、红尖椒均洗净，切圈。
2. 把螺肉放入碗中，用盐、料酒腌渍一会儿，减轻腥味。
3. 用油起锅，放入蒜末、姜末爆香，加入辣椒酱，倒入腌好的螺肉，旺火炒匀。
4. 淋上料酒、生抽，炒匀，放入青、红尖椒，炒至断生。
5. 加入盐、鸡粉、花椒油调味，出锅盛盘，撒上熟芝麻即可。

不能错过的一口鲜

葱香红肉米

红肉米其实既不是畜肉，也不是米，而是一种蚬仔肉，属于海鲜。因为蚬仔都非常小，去壳很麻烦，所以市面上一般只有红肉米销售。它虽然小，但味道却非常鲜美。

下饭要诀

炒红肉米前，可先用盐和芝麻油搅拌一下，翻炒时更易入味。

原料

红肉米300克，大蒜、姜片、葱、红椒各少许

调料

盐、鸡粉、花椒油、料酒、生抽、食用油各适量

做法

1 红肉米洗净，用清水浸泡片刻，捞出，沥干水分，待用；葱、姜片均洗净，切碎；大蒜去皮，洗净，切碎；红椒洗净，先切丝，再剁碎。

2 油锅烧热，下姜末、蒜末、葱白爆香，放入备好的红肉米，爆炒出香味。

3 淋上料酒、生抽，翻炒一会儿，放入红椒碎，炒至断生，撒上葱花。

4 加入盐、鸡粉、花椒油，炒匀即可出锅。

酸辣藕丁

莲藕脆甜多汁，夏季天热不想吃饭的时候，在饭前30分钟左右就拌好，先提提胃口，然后就捧着饭碗，一口莲藕就一口饭，停不下来……

下饭要诀

莲藕焯煮好捞出后最好过一下凉开水，这样吃起来口感会更鲜脆。

原料

莲藕350克，红椒、姜末、葱花各少许

调料

生抽、白醋、盐、白糖、花椒油、食用油各适量

做法

1 莲藕去皮洗净，切条，再切约1厘米见方的丁；红椒洗净，切丁。
2 沸水锅中加入白醋、盐，倒入藕丁，焯煮至断生，捞出沥水备用。
3 用油起锅，倒入红椒、姜末炒香，倒入藕丁。
4 加入生抽、白醋、盐、白糖、花椒油，炒匀。出锅装盘，撒上葱花即可。

青豆烩紫茄

又香又软人人夸

茄子是一种有故事的食材，如油淋茄子、手撕茄子、烤茄子、鱼香茄子……版本特别多，总让人惦记着。

注入的清水不应太多，没过食材的三分之一就可以了；焖煮时应先煮沸，再用中小火煮熟。

原料

青豆150克，茄子200克，红椒圈、蒜片各少许

调料

盐、鸡粉、蚝油、生抽、水淀粉、食用油各适量

做法

1 青豆洗净，去除白膜；茄子洗净，切开，改刀成条，再切丁。
2 将茄丁放入碗中，加入盐，腌一会儿，挤出水分，待用。
3 沸水锅中加入食用油、盐，放入青豆，焯煮至断生，捞出沥干。
4 用油起锅，放入蒜片，爆香，倒入茄子，炒出香味，放入青豆。
5 加入蚝油、生抽，炒匀，注入少许清水，焖煮一会。
6 加入盐、鸡粉，倒入红椒圈，用水淀粉勾芡。
7 关火后起锅，盛入盘中即可。

小炒豌豆

鲜嫩豆豆最下饭

豌豆又称蜜糖豆或蜜豆，嫩的时候可鲜食。豌豆有益中气、消肿解毒的作用，加上鲜甜的蚝油味，适合拌饭吃。

下饭要诀

豌豆的营养价值很高，不过却含有少量的毒素，食用前应先焯一下水，更有利于饮食健康。

原料

豌豆350克，瘦肉100克，红椒片、姜片、蒜片各少许

调料

白糖、蚝油、老抽、水淀粉、盐、鸡粉、食用油各适量

做法

1 豌豆洗净，用温水浸泡一会，捞出备用；瘦肉洗净，切条形，再改切小块。

2 用油起锅，放入肉块，炒至转色，加入白糖、蚝油、老抽，炒香。

3 撒上蒜片、姜片，放入豌豆，炒匀，注入清水，大火烧开，改中火焖煮至汤汁收浓。

4 倒入红椒片，加入盐、鸡粉，用水淀粉勾芡，出锅盛盘即可。

第八章

丝丝入味，吃得就是舒坦

将食材切成细丝，不仅炒的时候入味，而且吃的时候夹起来也方便。如果下饭菜切成丝，绝对是被消灭得最快的。用筷子一夹就是一大口，放在碗里和饭一起扒拉扒拉就可以开始狼吞虎咽了。不过手脚慢的人就要吃亏啦！稍不留神，盘中的菜就被一抢而空……

泥蒿炒羊肉

无法抵挡的羊肉香

泥蒿鲜、香、脆，若再加上羊肉的鲜和辣椒的辣味，口感就更全面了。盛上一碗热气腾腾的米饭，和着泥蒿肉丝，香气浓郁，让人不禁胃口大开。

下饭要诀

泥蒿气味很鲜，质感很脆，不宜用小火炒熟，以免降低营养价值，失去风味。

原料

羊肉 300 克，泥蒿 150 克，红椒 25 克，蒜末少许

调料

盐、鸡粉、胡椒粉、生抽、水淀粉、绍酒、豆豉酱、食用油各适量

做法

1 羊肉洗净，切片，再切丝；泥蒿择洗干净，改切丝；红椒洗净，去籽，切丝。

2 将肉丝放入碗中，加入盐、鸡粉、胡椒粉、生抽、水淀粉，搅匀，腌渍一会儿。

3 热锅注油，烧至六七成热，放入羊肉丝，滑至断生，捞出沥干油。

4 用油起锅，倒入滑好的肉丝，淋上绍酒，撒上蒜末，炒香。

5 放入豆豉酱，旺火快炒，倒入泥蒿，炒至变软。

6 倒入红椒，加入鸡粉，翻炒全部食材至熟，出锅装盘即可。

传神的一丝鲜味

萝卜丝炒羊肉

寒冷的冬天最适合吃羊肉了，再来点烫好的小酒，惬意得很，这是冬天时羊肉火锅的吃法。不过改用萝卜丝炒羊肉，即使没有火锅的热气腾腾，滋味也美妙又温暖。

下饭要诀

羊肉炒得又滑又嫩的秘诀是在腌肉时拌入适量食用油，这样渗入羊肉纤维中的油分受热会膨胀，切断纤维，肉就又滑又嫩了。

原料

羊肉250克，青萝卜200克，红椒35克，干辣椒、姜片、桂皮、葱段各少许

调料

酱油、白糖、白酒、豆瓣酱、盐、鸡粉、胡椒粉、食用油各适量

做法

1. 羊肉洗净；青萝卜去皮，洗净，切片，改切细丝；红椒洗净，切开去籽，再切丝。
2. 锅中注水烧开，放入羊肉，汆煮一会儿，去除血渍，倒入干辣椒、姜片、桂皮，煮羊肉至熟，捞出，清洗干净，放凉后切粗丝。
3. 用油起锅，倒入羊肉，炒匀，加入酱油、白糖，炒匀至上色。
4. 淋入白酒，放入豆瓣酱，炒香，倒入萝卜丝，大火炒至变软。
5. 加入盐、鸡粉，倒入红椒，撒上胡椒粉和葱段，炒匀即可出锅。

干煸牛肉丝

越嚼越有味

牛肉是很下饭的食物，尤其是干煸牛肉，夹到碗里，色泽鲜亮，口感焦脆，而且不会起腻，让人有多吃几碗米饭的冲动。

下饭要诀

煸牛肉，就是要炒干牛肉中的水分，而且要保证牛肉的韧劲，不可炒焦，否则就会像吃麻花一样，只有脆没有韧了。

原料

牛肉300克，芹菜150克，干辣椒、花椒、蒜末各少许

调料

盐、料酒、水淀粉、鸡粉、白糖、辣椒油、豆瓣酱、食用油各适量

做法

1 牛肉洗净，切片，再切丝；芹菜洗净，切段。

2 把肉丝放入碗中，加入盐、料酒、水淀粉，抓匀，腌渍一会。

3 用油起锅，放入花椒，炸香，捞出后放入牛肉，煸炒一会。

4 倒入蒜末和干辣椒，炒匀，放入豆瓣酱，继续翻炒，至牛肉酥软。

5 倒入芹菜炒匀，加入盐、鸡粉、白糖、辣椒油，炒至食材入味即可。

丝丝够味 下饭之最

泡椒牛柳

牛肉是人们常吃的肉类食品，不仅因为它在补充失血和修复组织等方面对人体很有帮助，而且性味温和，有益气血、强筋骨、健脾胃等功效，尤其适合体质较弱的人群。

下饭要诀

泡椒可提前放，焖煮的时间长一些，会更鲜辣；牛肉滑油的时间要长一点，翻炒时更易熟透。

原料

牛里脊肉300克，茄子120克，蒜薹150克，蛋清25克，红椒、泡椒、蒜末各少许

调料

盐、黑胡椒粉、料酒、生抽、老抽、鸡粉、豆瓣酱、水淀粉、蚝油、食用油各适量

做法

1. 牛里脊洗净，切丝；茄子去皮，洗净，切粗条；蒜薹洗净，切段；红椒洗净，切丝。
2. 将肉丝放入碗中，加入盐、黑胡椒粉、料酒、生抽、鸡粉、蛋清、水淀粉，抓匀，腌一会。
3. 热锅注油，烧至六七成热，放入茄条，炸至变软，捞出，沥干油。
4. 热油锅中再倒入肉丝，滑至转色，捞出沥干油。
5. 锅留底油烧热，放入蒜末爆香，倒入滑过油的牛肉，炒匀，淋上老抽、料酒，炒匀至上色。
6. 加入豆瓣酱，炒香，注入清水，倒入茄条和泡椒，焖约5分钟。
7. 转大火收汁，放入蒜薹，翻炒至熟，加入盐、鸡粉、蚝油，倒入红椒丝，炒匀，用水淀粉勾芡，关火后盛入盘中即可。

酸辣牛肚丝

下酒下饭两不误

脆爽的酸萝卜和细嫩的牛肚搭配，加上辣椒的干香，就成了一道家常佐酒下饭的佳肴。

下饭要诀

牛肚细嫩适口，不宜煮得太久，以免口感太老。干辣椒的香味浓郁，且辣味十足。炸的时候油温不宜太高，以五六成热为佳。太高的油温会将其炸煳，影响成菜的美观。

原料

牛肚350克，酸萝卜180克，蒜苗、青椒、生粉、干辣椒、姜片、八角、葱结各适量

调料

生抽、料酒、XO酱、盐、鸡粉、食用油各适量

做法

1 牛肚用生粉搓洗几遍，再冲洗干净；酸萝卜洗净，切片，再切细条；青椒洗净，切丝；蒜苗洗净，切长段。

2 锅中注水烧热，放入姜片、葱结、八角，加入料酒，倒入牛肚，拌匀，煮至熟，捞出沥水，放凉后切丝。

3 用油起锅，撒上干辣椒爆香，倒入酸萝卜丝，炒至断生，放入牛肚，淋上生抽、料酒，加入XO酱，炒匀，倒入蒜苗梗炒香。

4 加入盐、鸡粉，撒上蒜苗叶和青椒，炒匀即可。

京酱肉丝

京味十足 酱香浓郁

京酱肉丝是一道色香味俱全的北京菜，风味独特。做法上通常选用猪里脊肉为主料，辅以甜面酱，用“酱爆”的技法烹制而成，口味咸甜适中，风味独特。

下饭要诀

酱爆是北方菜系中一种很常见的烹饪技法。它要求油温高，让酱汁与食材更完美地融合在一起，使菜品达到色美味香的程度，初学者可多尝试几次。

原料

里脊肉300克，蛋清30克，黄瓜100克，蒜末、姜末、葱各少许

调料

料酒、豆瓣酱、甜面酱、蚝油、白糖、盐、鸡粉、胡椒粉、水淀粉、食用油各适量

做法

1 里脊肉洗净，切均匀厚度的薄片，改切细丝；黄瓜、葱均洗净，切细丝。

2 将肉丝放入碗中，倒入蛋清，加入盐、鸡粉、胡椒粉、水淀粉，抓匀，注入食用油，腌渍10分钟。

3 热锅注油，烧至六七成热，倒入肉丝，略微滑一下油，立马捞出，控干油。

4 锅留底油烧热，放入蒜末、姜末爆香，倒入肉丝，加入料酒、豆瓣酱、甜面酱，炒香。

5 转小火，放入蚝油、白糖、盐，中火炒至入味，关火后盛出，与黄瓜丝、葱丝一起装盘即可。

鱼香肉丝

咸酸甜辣 鲜嫩无比

鱼香肉丝是大家耳熟能详的名菜，可烹调的时候却有讲究，需要掌握好火候，尤其是调味时，宜重不宜轻，否则吃起来就没有那股浓郁的鱼香风味了。

下饭要诀

剁椒、白糖、陈醋是鱼香味的主要组成部分，放的分量要适中，三者要平衡，不宜偏重于辣、酸或者甜，三者完美融合才是真正的鱼香味。

原料

里脊肉300克，竹笋150克，水发木耳、蛋清、姜末、葱花各适量

调料

剁椒酱、生抽、白糖、陈醋、盐、鸡粉、料酒、辣椒油、水淀粉、食用油各适量

做法

1 里脊肉洗净，切片，再切丝；竹笋洗净，切片，再切细丝；木耳洗净，切除根部，撕成片。
2 肉丝装碗，加入盐、料酒、蛋清和水淀粉，拌匀，腌上一会儿，再滑一下油，待用。
3 沸水锅中加入食用油，倒入竹笋、木耳，焯煮一会儿，捞出控净水。
4 用油起锅，撒上姜末爆香，倒入肉丝，炒匀，加入剁椒酱、生抽、白糖和陈醋，炒香。
5 放入焯过水的食材，炒匀，加入盐、鸡粉、辣椒油，炒至断生，再用水淀粉勾芡，撒上葱花炒匀，起锅装盘即可。

蒜薹炒肉

嫩滑入味配饭香

醇香而劲道的瘦肉，配上清香的蒜薹，炒出了一道让人回味无穷的佳肴。简单的食材，家常的调料，却能演绎出食物最美的味道。

下饭要诀

蒜薹不好入味，焯水会破坏其营养，如果加点豆瓣酱或者放点甜面酱，更容易入味。

原料

瘦肉 150 克，蒜薹 120 克，朝天椒 40 克，蛋清少许

调料

盐、生抽、蚝油、鸡粉、辣椒油、水淀粉、食用油各适量

做法

1 瘦肉洗净，切丝；蒜薹洗净，切长段；朝天椒洗净，切圈。

2 把肉丝放入碗中，加入盐、生抽、水淀粉、蛋清，抓匀，腌渍 10 分钟。

3 锅中注水烧开，加入盐、食用油，拌匀，放入蒜薹搅散，煮至断生，捞出食材，沥干水分。

4 用油起锅，放入肉丝，炒至转色，放入生抽、蚝油，炒匀，倒入焯过水的食材。

5 加入盐、鸡粉、辣椒油，倒入朝天椒，炒至断生，关火后即可出锅。

四季豆炒肉

新鲜适口 吃得过瘾

四季豆的爽脆，不论是配上汤面，还是配上刚出锅的白米饭，都堪称完美。特别是四季豆刚上市的时候，加肉炒上一盘，真是其味无穷！

下饭要诀

炸干辣椒和花椒时，油锅中的油温要稍微高一些，香味才会浓郁。

原料

四季豆300克，里脊肉200克，干辣椒、花椒各适量

调料

盐、鸡粉、芝麻油、生抽、料酒、水淀粉、食用油各适量

做法

1 四季豆摘去老筋，切除头尾；里脊肉洗净，切片，再切细丝。
2 把肉丝放入碗中，加入盐、生抽、水淀粉，抓匀，腌渍一会。
3 锅中注水烧开，放入四季豆，加入盐、食用油，拌匀。
4 再煮一会儿，捞出四季豆，沥干水分。
5 用油起锅，放入干辣椒、花椒，爆香后拣出，倒入肉丝煸香。
6 淋上生抽、料酒，炒匀，放入煮过的四季豆，用中火炒至表皮焦脆。
7 最后放入盐、鸡粉、芝麻油，炒匀即可。

绝对饭扫光

蒜香双丝

这道菜本身鲜味很浓，若再加上一点蚝油，烧好后口感鲜中带甜，十分下饭。蒜薹对人的身体非常有益，有促进消化、增强免疫力的作用。

下饭要诀

猪肚宜切得细一些，翻炒时更易入味；蚝油虽然鲜美，但用量不宜太多，以免盖住猪肚的原味。

原料

猪肚100克，卤猪脸180克，蒜薹55克，朝天椒35克，蒜末少许

调料

豆瓣酱、生抽、蚝油、白糖、白醋、料酒、盐、鸡粉、食用油各适量

做法

1 猪肚用白醋搓洗，再冲干净；卤猪脸切粗丝；蒜薹洗净，切段；朝天椒洗净，切圈。

2 锅中注水烧开，淋上料酒，倒入猪肚，拌匀，氽去腥味，捞出，放凉后切粗丝。

3 用油起锅，撒上蒜末爆香，放入猪肚，加入豆瓣酱、生抽、蚝油、白糖，炒香。

4 放入蒜薹和卤猪脸，注入适量清水，大火煮沸，焖约5分钟至入味。

5 倒入朝天椒，炒至断生，最后加盐、鸡粉调味即可。

红油肚丝

香辣味浓促食欲

蒜薹和肚丝的搭配，总在不经意间带给人惊喜。将它们一同烹调成菜，除了能开胃，还能补气血之不足、保护皮肤，很适合爱美人士食用。

下饭要诀

若买的是生猪肚，清洗时要用白醋或者面粉揉搓几遍，能有效去除腥味；此外，汆水后还要去除猪肚上的白色油脂，这样能减少猪肚中的脂肪，减轻油腻感。

原料

熟猪肚300克，蒜薹100克，红椒30克，香菜少许

调料

盐、鸡粉、生抽、辣椒油、芝麻油、食用油各适量

做法

1. 熟猪肚切粗丝；蒜薹洗净，切长段；红椒洗净，去籽，改切丝；香菜洗净，切段。
2. 锅中注入清水烧开，加入盐、食用油，倒入蒜薹，略煮。
3. 放入红椒，搅散，煮至断生后捞出，沥干水分。
4. 把熟肚丝放入碗中，倒入焯熟的食材，加入盐、鸡粉、生抽、辣椒油，搅匀。
5. 撒上香菜段，淋上芝麻油拌匀即可。

令人刮目相看的鸭肠

青椒炒鸭肠

鸭肠和鸡脆骨一样，都是肉质软嫩、口感鲜美的食物。它们能做出多种美味佳肴，这道菜就是其中之一。

下饭要诀

这个菜适合做得微辣，或者放入酱油，都会使口感变得鲜爽。

原料

鸭肠 250 克，青尖椒 85 克，生粉、蛋清、干辣椒各少许

调料

盐、鸡粉、花椒油、料酒、生抽、食用油各适量

做法

1 鸭肠用生粉揉搓几遍，再冲洗干净；青尖椒洗净，切段，再切细丝。

2 锅中注水烧开，淋上料酒，倒入鸭肠，氽去腥味，捞出，沥干水，放凉后切断，再用蛋清拌匀，待用。

3 用油起锅，撒上干辣椒爆香，倒入鸭肠，炒香，淋上生抽、料酒，炒匀。

4 倒入青尖椒，炒至断生，加入盐、鸡粉、花椒油，炒匀即可。

小炒鳝丝

口口鲜香好下饭

鳝鱼是最常见的水产之一，适合红烧、爆炒，比较容易入味，口感鲜味十足，能预防皮肤衰老，对气虚、血虚等症状都有很好的食疗作用。

下饭要诀

腌渍鳝鱼时水淀粉要多一些，煸炒时才能保持肉质的鲜嫩。

原料

鳝鱼肉250克，鲜茶树菇180克，生粉、姜丝、干辣椒、葱段、熟芝麻各少许

调料

盐、鸡粉、花椒油、老抽、绍酒、生抽、料酒、水淀粉、食用油各适量

做法

1 鳝鱼肉洗净，切片，改切丝；鲜茶树菇洗净，切除菌盖，改切段，裹上生粉炸熟，待用。
2 把鳝丝放入碗中，加入盐、鸡粉、料酒、生抽、水淀粉，抓匀，腌渍一会儿。
3 用油起锅，放入姜丝、干辣椒爆香，倒入鳝丝炒香。
4 淋上老抽、绍酒，炒香，倒入炸好的茶树菇，煸炒出香味。
5 加入盐、鸡粉、花椒油，撒上葱段炒匀，出锅装盘，撒上熟芝麻即可。

简单美味又营养

小炒攸县香干

攸县香干的香味特殊，软硬适口，最常见的做法是小炒。用热油爆炒一下，满厨房就都是香味，吃起来口感嫩滑，是一道开胃好菜。

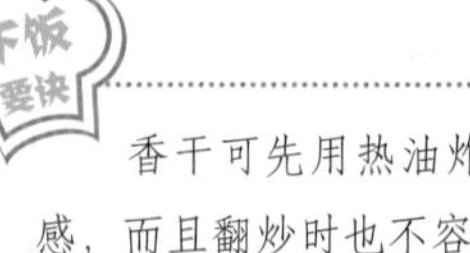

香干可先用热油炸干水分，这样不仅能改善口感，而且翻炒时也不容易破碎。

原料

攸县香干400克，芹菜55克，红椒少许

调料

盐、鸡粉、芝麻油、生抽、食用油各适量

做法

1 攸县香干洗净，切条；芹菜择洗干净，切段；红椒洗净，切条形。

2 用油起锅，放入攸县香干，炒香，倒入生抽，炒匀。

3 倒入芹菜和红椒，炒至断生，加入盐、鸡粉、芝麻油，炒匀即可出锅。

黄豆芽粉丝

诱人鲜味 享尽丝滑

爽脆的黄豆芽、鲜美的肉丝、滑软的红薯粉，用酱香十足的老抽上色，吃上一口，就让你食欲大开。

泡发红薯粉时，应选择温水，既能缩短泡发时间，又能增强韧性。

原料

黄豆芽 150 克，红薯粉 200 克，猪肉 50 克，干红椒、葱段、蒜末各适量

调料

盐、鸡粉、老抽、辣椒油、食用油各适量

做法

1 黄豆芽摘洗干净；干红椒洗净，切段；猪肉洗净，切丝；红薯粉泡发，备用。

2 用油起锅，撒上蒜末、干红椒爆香，加入肉丝翻炒，加入黄豆芽，炒至断生，倒入红薯粉，淋上老抽，炒匀至上色。

3 放入盐、鸡粉、辣椒油，旺火炒至食材熟透，出锅装盘，撒上葱段即可。

好吃不贵又下饭

酸辣土豆丝

大火爆香干辣椒的瞬间，辣味弥漫开来，再倒入土豆丝、烹入陈醋，成就了一碗酸辣诱人的土豆丝。

爆香干辣椒的油温要高一些；土豆丝要保有一定的水分，炒好后才有脆、软、酸、甜、香、辣的口感。

原料

土豆300克，青椒、红椒各30克，干辣椒少许

调料

盐、鸡粉、陈醋、白糖、食用油各适量

做法

1 土豆削皮，切薄片，再切细丝；青椒、红椒均洗净，切丝。

2 用油起锅，放入干辣椒爆香，倒入土豆丝，炒至断生。

3 加入盐、鸡粉、陈醋、白糖，炒匀，倒入青、红椒炒至熟。

4 关火后盛入盘中即可。

尖椒小南瓜

微辣的诱惑

这款尖椒小南瓜口感滑嫩，味道鲜美，容易消化，而且蛋白质、淀粉、钙及钾的含量都较高，也适合大多数人的口味；烹饪省时省力，是一道快手下饭菜。

下饭要诀

鲜嫩的小南瓜，水分含量较多。最好下锅前切丝，以免营养物质流失过多，降低食用价值。

原料

小南瓜 350 克，红椒 35 克，干辣椒、蒜末各少许

调料

料酒、生抽、蚝油、盐、鸡粉、白糖、食用油各适量

做法

1. 小南瓜洗净，切片，再切丝；红椒洗净，切开，去籽，切圈。
2. 用油起锅，放入干辣椒、蒜末爆香。
3. 放入南瓜丝，加入料酒、生抽、蚝油，炒匀，翻炒约 2 分钟，至其熟软。
4. 加入盐、鸡粉、白糖，倒入红椒炒至食材入味，关火后盛出装盘即可。

葱味笋丝

笋丝更需细细品尝

竹笋营养丰富，有“肠胃清道夫”的美誉。它口感柔嫩，脆爽而带韧劲，口感鲜中带甜，吃起来非常美味。

下饭要诀

食材焯好水后应过一下凉开水，能使口感上更鲜嫩；竹笋的老根口感很差，也不易消化，食用前要切除干净。

原料

竹笋 300 克，葱少许

调料

盐、鸡粉、辣椒油、酱油、料酒、食用油各适量

做法

1 竹笋洗净，切除老根，再切粗条；葱洗净，切长段。

2 沸水锅中加入食用油、盐，放入竹笋，拌匀，焯煮至断生，捞出沥干水。

3 用油起锅，放入竹笋，煸炒一会，放入酱油、料酒，注入少许清水，焖煮至熟透。

4 加入盐、鸡粉、辣椒油，撒上葱段，炒出香味，关火后盛出装盘即可。

豆角茄条

『茄子控』的最爱

将豆角焖上一会，再与茄子一同焖到口感柔软，一道简单好吃的下饭菜就做好了！制作时，不要放太多的油，比炒菜略多一些即可。

下饭要诀

清洗豆角时可用淡盐水浸泡一会儿，能有效去除表面的污渍；煎茄子时要保持一定的油温，而且要频繁地来回翻转，否则很容易煎煳。

原料

茄子 250 克，豆角 150 克，干辣椒少许

调料

盐、鸡粉、花椒油、蚝油、生抽、白糖、食用油各适量

做法

1 茄子洗净去皮，切条；豆角洗净，切段。
2 把茄子用盐腌片刻，挤干水分，待用。
3 用油起锅，倒入茄子，煎至两面变软，盛出备用。
4 锅留底油烧热，放入干辣椒爆香，拣出后加入豆角，煸炒至断生，加入茄子，放入生抽、白糖、蚝油，炒匀。
5 注入少许清水，焖煮至熟透，最后加入盐、鸡粉、花椒油，炒匀即可。

开胃润肠之鲜汤

萝卜大骨汤

原料

猪骨400克，白萝卜300克，葱花、姜片各少许

调料

盐、料酒、白胡椒粉各适量

做法

1 猪骨洗净，切大块；白萝卜洗净，切滚刀块。锅中注水烧开，放入猪骨，淋上料酒，氽去血渍，捞出，沥干水。

2 砂锅中注水烧热，撒上姜片，放入猪骨，烧开后转小火煲煮约40分钟。

3 倒入萝卜，续煮约20分钟，加盐、白胡椒粉调味，盛入碗中，撒上葱花即可。

玉米核桃排骨汤

原料

排骨400克，玉米350克，核桃仁50克，葱花、姜片各少许

调料

盐、料酒各适量

做法

1 排骨洗净，切大块；玉米洗净，切段。

2 锅中注水烧开，放入排骨，煮一会，去除血渍，捞出，沥干水。

3 砂锅中注水烧热，撒上姜片，放入排骨，淋上料酒，拌匀。

4 烧开后转小火煲约30分钟，倒入玉米，续煮约15分钟。

5 倒入核桃仁，再煮约20分钟，加盐调味，撒上葱花即可。

韭菜牛肉汤

原料
牛肉250克，韭菜100克，红椒少许，清汤适量

调料
盐、胡椒粉、料酒、食用油各适量

做法
1 牛肉洗净，切片；韭菜洗净，切碎；红椒洗净，切粒。
2 用油起锅，放入肉片，滑炒至转色，淋上料酒，炒香。
3 注入清汤，煮沸，倒入韭菜和红椒，拌匀，煮至断生。
4 加入盐、胡椒粉，拌匀，续煮至入味即可。

清炖鸡汤

原料
鸡肉250克，香菜少许，清汤适量

调料
盐、料酒各适量

做法
1 鸡肉洗净，切小块；香菜洗净，切段。
2 锅中注水烧开，放入鸡块，氽去血渍，捞出，沥干水。
3 炖盅内注入清汤，放入鸡块，加入料酒，盖上盅盖。
4 将炖盅放入蒸锅中，蒸煮约100分钟。
5 取出炖盅，食用时加盐调味，撒上香菜即可。

竹荪干贝汤

原料

水发竹荪 150 克，水发干贝 120 克

调料

盐、料酒、白胡椒粉、食用油各适量

做法

1 竹荪洗净，切段；干贝洗净。

2 用油起锅，放入干贝炒匀，淋上料酒，炒香。

3 注入清水，大火煮约3分钟，倒入竹荪，煮至熟。

4 加盐、白胡椒粉，拌匀，续煮至入味即可。

银耳莲子汤

原料

水发银耳 200 克，水发莲子 100 克，红枣、枸杞各少许

调料

白糖适量

做法

1 银耳洗净，切小块；莲子挑去莲心；红枣、枸杞均洗净。

2 砂锅中注水烧开，放入莲子和银耳，煲煮约 20 分钟。

3 倒入红枣、枸杞，拌匀，续煮至食材熟软。

4 出锅前撒上白糖，拌匀，煮至糖化开即可。

营养美味之主食

杂粮炒饭

原料

燕麦饭 100 克，黑米饭 20 克，鸡蛋 1 个，玉米粒、菜梗、胡萝卜、海带根各适量

调料

盐、胡椒粉、生抽、芝麻油、食用油各适量

做法

1 菜梗、胡萝卜洗净，切粒；海带根洗净，切小条；玉米粒洗净沥干；鸡蛋打入碗内，搅匀。
2 锅中倒入油烧热，将鸡蛋倒入，炒至凝固，盛出。
3 锅内再倒入油，将胡萝卜粒翻炒一会儿，加入菜梗粒、玉米粒、海带根炒香炒熟，倒入燕麦饭跟黑米饭，加盐和生抽，拌炒均匀。
4 把炒好的鸡蛋倒入，撒上胡椒粉，倒入芝麻油炒匀，起锅盛盘即可。

辣酱蛋炒饭

原料

米饭 200 克，鸡蛋 2 个，葱少许

调料

盐、胡椒粉、生抽、风味辣酱、芝麻油、食用油各适量

做法

1 鸡蛋磕入碗中，搅散成蛋液，倒入米饭中搅拌均匀；葱洗净，切葱花。
2 油锅烧热，倒入拌好的米饭炒散，调入盐、胡椒粉、生抽、风味辣酱翻炒均匀。
3 待炒至饭粒分明时，加入葱花稍炒，淋入芝麻油，起锅盛入碗中即可。

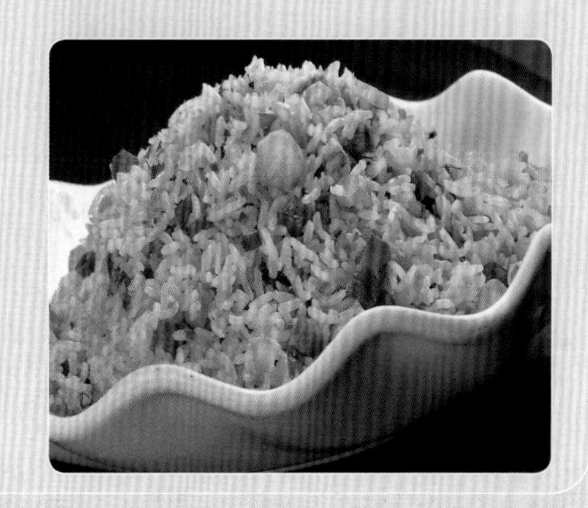

果味八宝饭

原料

糯米 300 克，红枣、菠萝、芒果、山楂糕、豆沙、葡萄干各适量

调料

白糖、食用油各适量

做法

1 糯米洗净泡 4 小时；红枣洗净，剪成细条；葡萄干泡开；山楂糕切丁；菠萝、芒果洗净，切成小丁。

2 碗里抹上一点点油，在碗底将除糯米外的材料摆好。

3 把泡好的糯米放入电饭煲蒸熟晾凉，拌上白糖。

4 在摆好食材的碗里压上一层糯米饭，放入豆沙，继续压入糯米饭直到碗满（要压紧一些）

5 转入蒸锅，蒸约 10 分钟，倒扣在盘子里即可。

韭菜猪肉蒸饺

原料

五花猪肉 250 克，面粉 300 克，韭菜 50 克，葱花、姜末各少许

调料

盐、酱油、甜面酱、料酒、味精、白糖、食用油各适量

做法

1 面粉中加入 150 克煮沸的清水，搅拌均匀后放案板上揉成面团。

2 五花猪肉洗净，剁成泥；韭菜洗净，切碎。

3 锅中加油烧热，下入葱花、姜末煸出香味后放入肉末、韭菜，加入盐、酱油、甜面酱、料酒、味精、白糖，炒好后盛出做馅料备用。

4 把面团分成若干份，擀成饺子皮，包入馅料，做成月牙形饺子，再上蒸锅蒸约 10 分钟即可。

开胃鲜虾粥

原料

大米100克，基围虾200克，葱花、姜末各适量

调料

盐、料酒、味精、油各适量

做法

1 大米洗净后沥干水分，加入少许油和盐腌渍半小时。
2 将基围虾洗净，挑去虾肠，用盐、料酒、姜末腌渍15分钟。
3 砂锅内加入足量清水烧开，倒入腌好的大米，大火煮开后转小火煮1小时，其间不时搅拌以防粘锅，煮至粥软烂。
4 加入基围虾，搅散，拌匀，待其熟透，加盐、味精调味，撒上葱花即可。

消食水果什锦粥

原料

大米100克，高粱米70克，木瓜肉120克，山药1根

调料

盐、白糖、食用油各适量

做法

1 大米、高粱米混合洗净后沥干水分，加入少许油和盐腌渍半小时；木瓜肉切块；山药去皮切块，浸水备用。
2 砂锅中加入足量清水，倒入腌好的大米和高粱米，搅散拌匀。
3 大火煮开后转小火煮60分钟，至米粒变软。

4 加入山药块，搅散，续煮20分钟至粥软烂黏稠。
5 倒入木瓜，加入白糖，搅匀，煮至糖分融化，出锅盛入碗中即可。

清香解馋之小吃

酒酿汤圆

原料

小汤圆200克，醪糟300克，鸡蛋1个，枸杞8克

调料

白糖少许

做法

1 先将鸡蛋打散；枸杞洗净，备用。
2 锅中加适量水烧开，倒入醪糟煮至沸腾，加入汤圆，煮至汤圆浮起。
3 然后淋入蛋液，撒入枸杞，加入白糖煮至溶化即可。

椰丝南瓜饼

原料

南瓜200克，糯米粉、椰丝各适量

调料

白糖、食用油各适量

做法

1 南瓜去皮、洗净、切块，放入锅中蒸熟后取出，捣成泥。
2 将糯米粉、南瓜泥混合，加入白糖、适量清水搅匀成南瓜面团。
3 把南瓜面团分切成小块、揉圆，轻轻拍扁，再均匀裹上一层椰丝。
4 锅内倒入油烧热，放入备好的材料，炸至金黄色时捞出，沥油盛盘即可。

三鲜春卷

原料

猪肉 100 克，土豆 200 克，胡萝卜 150 克，春卷皮适量

调料

生抽 20 克，料酒 10 克，淀粉 5 克，香油 5 克，食用油各适量

做法

1 将猪肉洗净，切成细丝；土豆、胡萝卜均去皮，洗净，同样切成丝。

2 肉丝加入淀粉、香油、料酒腌渍 15 分钟备用。

3 锅中放油，油热后倒入肉丝翻炒至变色，再倒入土豆丝、胡萝卜丝，加入生抽翻炒均匀。

4 取一张春卷皮，将炒好的馅料放少许在春卷皮上，卷至一半后，在四周沾些水，使皮更易粘上，将两侧的春卷皮折好，卷成卷状。

5 锅中放油，油热后，依次放入春卷炸熟即可。

鲜汤豆腐脑

原料

豆花 150 克，酥黄豆、大头菜、芽菜末、葱花各少许，鲜汤 300 克

调料

辣椒油、酱油、醋、盐、水淀粉、花椒粉、胡椒粉、味精、芝麻油各适量

做法

1 将酱油、味精、醋、芽菜末、大头菜、葱花、芝麻油放入汤碗内调匀。

2 锅上火，放入鲜汤、盐烧沸，用水淀粉勾芡，再加入豆花、胡椒粉煮开，然后倒入汤碗内，再淋上辣椒油，撒上花椒粉，放入酥黄豆、葱花即成。

脆炸鲜奶

原料

鲜牛奶、面粉各200克，蛋白、淀粉、泡打粉、臭粉各少许

调料

白糖、黄油、水淀粉、菠萝香精、花生油、盐各适量

做法

1 牛奶入铜锅上火，加菠萝香精、黄油、白糖，烧开锅后用水淀粉勾芡，用木铲顺一方向搅动，待牛奶变稠后倒入刷好黄油的盘内，稍凉后，放入冰箱。

2 将面粉、淀粉、臭粉、泡打粉、盐、蛋白、花生油、清水适量，搅拌均匀，制成脆浆。

3 锅放火上，下花生油，烧至五六成热时，将牛奶坯切成菱形小块，先沾上淀粉，再挂脆浆，下油锅炸至金黄色捞出。

4 将炸好的鲜奶装盘，即可上桌。

奶酪紫薯饼

原料

紫薯3个，芝士3片，蛋黄液少许

调料

白糖适量

做法

1 紫薯洗净，上锅蒸30分钟，至紫薯蒸熟，用勺子把紫薯肉挖出放入碗里，压成泥。

2 取适量芝士，加入一汤匙牛奶在碗里隔水加热融化，再取适量芝士糊放入紫薯泥中拌匀。

3 将紫薯泥酿入锡纸壳里，压实，把剩余的芝士糊涂在最顶端，再涂上一层蛋黄液，放入烤箱中以200℃烤20分钟即可。